唯有放下 才能静心

赵北顺◎著

中国纺织出版社有限公司

内 容 提 要

一本书让你学会规划自己的人生，克制内心的浮躁；让你从此不再害怕改变现状，不再患得患失；帮助你回应灵魂深处的呼唤，找到最初的自己，让成千上万的读者重拾生活的信心，体味收获的快乐。

当你迷茫的时候，不妨停下脚步，看一本书、品一杯茶。有时候，一本散发着墨香的书籍，便能让你坚定信念、看清方向，重拾生活的信心。只有最初的信念，才能带你飞往更辽阔的天空。

图书在版编目（CIP）数据

唯有放下　才能静心／赵北顺著. —北京：中国纺织出版社有限公司，2020. 9（2023.5重印）
ISBN 978-7-5180-7280-4

Ⅰ. ①唯… Ⅱ. ①赵… Ⅲ. ①人生哲学—通俗读物 Ⅳ. ①B821-49

中国版本图书馆CIP数据核字（2020）第054044号

责任编辑：赵晓红　　责任校对：寇晨晨　　责任印制：储志伟

中国纺织出版社有限公司出版发行
地址：北京市朝阳区百子湾东里A407号楼　邮政编码：100124
销售电话：010-67004422　传真：010-87155801
http://www.c-textilep.com
中国纺织出版社天猫旗舰店
官方微博http：//weibo.com/2119887771
永清县晔盛亚胶印有限公司印刷　各地新华书店经销
2020年9月第1版　2023年5月第2次印刷
开本：880×1230　1/32　印张：6.5
字数：108千字　定价：48.00元

前言

有人说，人生就如同一杯泡好的清茶，有浮有沉，有高有低，既有高高在上的显赫与辉煌，也有不高不低的平凡，甚至有在人生低谷受到的打击，感觉前途灰暗时的自卑与放弃；人生也如同一幅色彩斑斓的画卷，有令人舒心的鲜亮色彩，也有让人心情黯淡的灰暗地带；有快乐，也有悲伤……但这就是人生，完整的人生。

伟大的所罗门王曾经做过一个梦：

梦境中，他隐隐约约听到有个智者告诉他一句话，这句话能治疗人们在各种情况下的种种疾病，但就在所罗门王醒来后，他不记得这句话是什么了。于是，接下来，他召集群臣，并且给了他们一只戒指，告诉他们，如果想出这句梦中的话，就把它刻在这枚戒指上。几天后，戒指被送还给所罗门王，上面刻着："一切都会过去！"

是啊，无论过去发生了什么，一切都会过去的，新的一天也会来临，请你相信它！

无论我们的昨天怎么样，我们都应该先接受它，我们越是抗拒，越是无法平和地面对。因此，不要再不断地反问自己“我怎么会这样呢”“我怎么会遇到这种事情”，否则，只会让你的痛苦加剧。如果你能减少抗拒的时间，那么，你就能更早地走出来。

其次，我们要对自己有信心，要相信自己能走出来，虽然现在你正在处于不好的境地，但是要相信自己一定能过这个坎，而且通过这些你会变得更加成熟。

再者，我们应该从昨天的经历中重建自己，我们应该重新审视自己、调整自己。这是一种对现实的接纳，对于既成事实，我们无须沉溺于后悔的情绪之中，也不要诿过于他人，而应该把精力放到挽回过失上，最大可能减少损失。过多的后悔、不休的责备，不仅于事无补，还会扩大事端，增加烦恼。

人生如同一场游戏，没有一个定数，所以又何必处处计较？如果我们总是把眼光停在昨天，沉溺于过去，那么，我们只会无法自拔。或许你认为自己根本无法忘记昨天，昨天对于你来说是很难翻过的门槛，其实，当事情过去以后，你会发现，这在你人生路上是多么不显眼的一件事情，根本无须惊怕，所以，你应该重新扬起自信的风帆，鼓起劲儿摇桨，向明天出发。

当然，对于昨天，我们要学会放手，要学会忘却，忘却昨天种种。

现在，也许你需要一位心灵的指导者，引领你告别昨天，而本书就是这样一味心灵抚慰剂，它能带领你告别昨天的痛苦、烦恼、痛苦、忧伤、黑与白、是与非，帮你获得心灵的满足。本书文字清新隽永，使人清醒，希望广大读者在阅读完本书后能找到心灵的归宿，重获新生。

作者

2020年2月

目录

第 01 章

不必活在别人的期待里，做自己就很好

舍弃无谓的坚持，放下爱面子的固执

古代人常说“有辱斯文”，意指丢了面子，而现代人更是提出了“人活一张脸，树活一张皮”的惊人言论。古往今来，面子似乎都是一种国民性的东西，其实，爱面子更是一种人的天性。爱面子之心，人皆有之，每个人活在这个世界上，都渴望能够得到别人的尊重，都希望自己在别人面前能有面子。在生活中，许多人为了满足虚荣心，不惜一切代价要个面子，殊不知这就是给自己戴上假面具、套上枷锁，活得很不真实，也让自己觉得累。面子固然重要，但我们完全没必要为了没意义的面子让自己受苦遭罪，顺其自然才是最可贵的。对于我们而言，面子这个东西不能全丢也不能看得太重，需要根据具体的事情来处理面子这个问题。太在意自己的面子是一种较真、一种固执，人生在世，其实不必为了面子让自己活得那么累，所以，请放掉为了面子的固执吧。

俗话说："人争一口气，佛争一炷香。"在中国人的眼里，面子这个东西是非常重要的，它总是与一个人的人格、自尊、荣誉、威信、影响、体面等联系在一起。当一个人的面子受到损害时，他就会下不来台，就会生气。因为爱面子，也怕丢面子，所以有些人总是千方百计地维护自己的面子，而正是在这一过程当中，他们失去了许多更加有价值的东西。

有时候，别较真了面子，而丢掉了里子。面子是表面的，是虚浮的，要面子就是虚荣心的表现，里子是深层的，是实实在在的。面子华而不实，里子却是表里如一。里子真实的人，虽然没有外表的美，却有内心美，最终会得到人们的理解和尊重。反之，一个人假如没有灵魂，那么这个躯壳还有什么用?

学会放手，每个人都有属于自己的路

我们生活的周围，有这样一类人，他们勤恳、努力、认真，对周围的亲人、爱人、朋友无微不至地照顾，工作中事必躬亲，他们总是希望周围的一切都在他们的掌控之中，也正因为如此，他们比其他人活得更累。而如果他们能学着放手，自然会轻松很多。事实上，他们没有意识到的一点是，社会中的每个人，都有属于自己的路，成为什么样的人、走什么样的人生路，决定权都在每个人自己手里，我们不可能掌控他人的人生。因此，无论是工作还是生活中，我们都要放开手，不要时时想着掌控他人。

在某国营单位，有这样一位老员工——老王，他是所有的同事和领导羡慕的对象，因为他有一位品貌俱佳的妻子——她在单位里是中层干部、先进工作者，在家里她是贤妻良母，对丈夫照顾得无微不至。她从不让丈夫洗衣做饭，丈夫加班，她去送饭；丈夫穿的用的，全是她买；丈夫的皮鞋、领带都是她擦、她系；丈夫“爬格子”，她总是左右侍候，端茶倒水。每每论起“内助”如何，大家总是羡慕他的“福分”，羡慕他们亲密无间、朝夕相伴。

然而，半年后，他居然与他的贤妻离婚了，据说单位和亲朋好友调解多次，妻子也不解地问他“哪点对不住你”，但他铁了心，坚持离她而去。很多同事曾直截了当地问他是否另有新欢，是不是喜新厌旧，他只是说：“过腻了，这样活着，吊不起胃口。”

生活中，可能很多妻子都和故事中的这位贤妻一样——勤勤恳恳地为家庭操劳，对丈夫无微不至地照顾，她们对老王夫妻俩的婚姻结局也会产生质疑：到底哪里出了问题？从她丈夫的话中，我们大致能了解到男人们内心的想法——他们需要的是一位妻子，而不是一位母亲。即使夫妻俩朝夕相伴，妻子对丈夫无私奉献，爱情之火也不一定能持久地燃烧。

其实，每个人都希望能自己做主，即使我们的亲人，他们也希望有自己的生活空间，放开手，你的身心也会得到放松。

除此之外，在工作中，我们也不能凡事揽在自己身上，而应该学会放权，学会给他人表现的机会，否则，我们在身心俱疲的同时，还有可能成为他人厌恶的对象。

的确，那些在工作中做到游刃有余的人，通常都是懂得放权的，他们相信下属能做好，于是，他们能为自己腾出更多的时间愉悦身心、放松自我。因此，如果你是个领导者，那么，你应当抛弃将员工当作工具、封建家长式的作风，取而代之的应是尊重员工的个人价值，合理地设计和实行新的员工管理体制，最重要的是要做到给予下属权利，把员工看成企业的重要资本、竞争优势的根本，并将这种观念落实在企业的制度、领导方式等具体管理工作中。

另外，给予下属权利也是为领导者自身分担工作的重要方法，在领导工作中，面对看似无法完成的工作任务，领导者最有效的办法就是知人善任。这样领导可以腾出一些时间和精力抓大事，部属也可以小试牛刀。

总之，无论是生活还是工作中，懂得放手，不仅是对对方的一种尊重和信任，更是现代社会人们释放压力、调节身心的重要方法，否则，你抓得越牢，你就越累！

不要让别人轻易左右你的人生

人最大的弱点就是太在意别人对自己的看法和反应，以至于做事情时考虑太多，反而将本来简简单单就能解决的事情复杂化了。要想做自己的主人，拥有不让别人左右自己的人生，就必须坚持走自己的路、做自己的事，活出自己的精彩。

虽然常听人说“走自己的路，让别人说去吧”，但是真的能做到完全不顾虑外人看法的人则少之又少。大多数人都会随着别人的看法而或喜或悲，更何况这世上从来就不缺少那些站在道德的制高点对别人的人生指指点点的人。所以，即使遇到了，也不必真的生气，因为你的愤怒只会让他们更加开心、更加兴奋而已。

杨玺大学毕业后，应聘到一家公司实习，没想到，上班第一天他就遇到了一件让自己很尴尬的事情。中午午休时间，他去公司楼下的餐厅吃饭，找座位的时候，正好坐到了副总的旁边。在一个桌上吃饭，就算对方不是副总，他也该打个招呼，可是杨玺犹豫了，本来，和副总一桌，大家就已经开始看着他了，要是再凑上去说话，餐厅里的其他同事肯定会觉得他是个马屁精，就这样，杨玺犹犹豫豫，直到副总吃完饭也没跟人打招呼。

过了几天，杨玺的组长带着他还有同组的一个同事陪副总一起和客户谈业务。吃饭的时候，杨玺几次想和副总说话，好缓解上班第一天的尴尬。但是，看到副总正在和客户说话，他想自己只是一个新员工，还是不要插话好，万一说错了，岂不是更遭，所以，直到饭局结束，杨玺都没说什么话，一直沉浸在自己的胡思乱想中。

饭后送走客户，组长也有事先走了，只有杨玺和另一个同事陪副总回公司。路上，杨玺先是觉得同事在和副总谈工作上的事情，自己插嘴不好，所以一直保持沉默。走到中间，杨玺听到副总咳嗽了两声，他很想过去问候几句，但是“谄媚”“献殷勤”这些思想马上又紧紧缠住了他，正在他犹豫不决的时候，另一个同事已经问出口了：“最近身体不好吗？”副总答道：“老毛病了，一喝酒就会这样，但是我们工作就这样，没办法。”后来两人开始聊起家常，杨玺几次想参与到话题中去，但又觉得他们有交情，自己一个新来的，这样搞得自己像要巴结副总一样，所以一路沉默回到了公司。

一周后，副总召集大家开会，会上要他们说说对这次和客户合作的建议。杨玺想到自己是新人，说多错多，再加上前几次和副总尴尬的相处经历，杨玺变得更不知所措了，所以当副总问他有什么建议时，杨玺犹豫了半天，还是说没有任何建议。最后结果很明显，杨玺被副总踢出了这次项目。

这样的故事，这样的人，其实在我们生活中并不少见，大多数人都觉得这是他们性格不够圆滑、内心想法过多造成的。但事实并非都是如此。杨玺的犹豫不决、心态波动，其实都是源于他的思想被别人有形的、无形的想法给左右了。比如，同事的议论、他与副总身份的差别，这些都导致了他的犹豫不决，所以最后做出来的反而不是自己真正所想的了。

我们在社会中生活，很难避免陷入议论的旋涡，我们总是太过在意别人的想法太过依赖别人的意见，很重要的一个原因就是不够自信，内心不够强大。如此，我们自身的情绪就很容易随着别人的评价而波动，时间长了，就会失去自我。要想不被别人的想法左右，不活在别人的看法中，就必须有独立的人格，充实自己的内心，只有内心充实了、强大了，人才会变得有主见，活得更自信。

不管是谁，都没有办法陪我们走到最后，所以我们自己的人生还得自己做主。老是陷入别人的思维中，失去对自己人生的话语权，不仅会活得很被动，也会活得很累。

坦然面对自己，扬长避短

不可否认，我们的心中始终怀着一个梦想，那就是出人头地，让自己的人生绽放异彩。然而，也许在真正要开始设想和展开行动计划时，你不由得心中忐忑，扪心自问："我真的能行吗？我有能力实现吗？"你可曾怀疑过自己，可曾对自己感到厌恶甚至是绝望，你是否经常从各个方面否定自己、觉得自己的一无是处？其实我们都是普通而又平凡的人，每个人都有各种各样的缺点和不足，也有自身独有的优点和长处，唯有怀着平实的心境坦然面对自身，并努力扬长避短、取长补短，我们才能提升自己、成就自己。

古人云，金无足赤，人无完人。的确，品质再好的黄金也不可能达到百分之百的纯度，再优秀的人也不可能如同白玉无瑕一般没有任何缺点和不足，我们只有接受自己的不完美，才能以积极的心态面对人生，才能客观评价自己，从各个方面努力提升自己。倘若我们心中总是对于自己的缺点耿耿于怀，那么必然因为这些缺点的存在对自己更加不满，导致心情郁郁寡欢，这样一来还如何能够坦然面对自己、悦纳自己，从而发展和完善自己呢！就像很多人身患癌症最终却奇迹般地康复了一样，他们之所以能够战胜癌症，就是因为他们发自内心地接纳癌症，与癌症和谐共生，而不再消极抵抗癌症，导致癌症也更加凶猛地反扑，损害他们的身体健康。由此可见，很多不那么美好的事情并不因为我们的对抗就消失、就不复存在，反而会因为我们的对抗变得更加严重。与其作徒劳无功的挣扎，我们不如从现在开始就放宽心胸，帮助自己赢得更美好的人生。

从小，丽娜就很喜欢唱歌，她对于歌唱有着天生的热爱，几乎每时每刻都在哼着歌儿。到了初中，有一次丽娜在班级的聚会上演唱了一首《橄榄树》，结果遭到了很多同学的嘲笑，甚至有些同学直接说丽娜唱歌就像乌鸦叫。至此，丽娜发现自己也许并不适合唱歌，虽然她那么热爱唱歌，但是老天爷并没有给她一副好嗓子。后来，丽娜读完高中之后想要考取艺术学校，专业学习唱歌，却因为专业能力不过关被拒之门外。思来想去，丽娜决定不再和自己较劲，她有着婀娜的身姿，而且从小就在妈妈的督促下练习舞蹈，何不报考舞蹈专业呢！

经过一年复读，丽娜成功考取了舞蹈专业，并且得到了老师的认可和欣赏。从此之后，舞蹈功底扎实的丽娜一发而不可收拾，在舞蹈上取得了长足的进步，还在各类比赛中获得了奖项。就这样，丽娜成为了一名舞蹈家，她不但具有灵性，而且很有创造力。参加毕业演出时，丽娜以自编自演的舞蹈赢得了众人瞩目，更被一个需要优秀舞蹈演员的剧组选中，出演女二号。就这样，丽娜的人生从此与众不同。

如果丽娜坚持要唱歌，也许只会成为一个三流的歌唱演员。幸好丽娜及时改变想法，顺势而为，避开自己的短处，发扬自己的优点，最终成为了一名优秀的舞蹈演员。如此一来，丽娜也许还会因为在舞蹈上的杰出表现，彻底改变自己的人生轨迹呢！

我们每个人都要承认自身的缺点和不足，唯有如此，我们才能发扬自己的长处、避开自己的短处，从而更好地提升和完善自己，也使得自己更加优秀。记住，命运总是公平的，也许你在这个方面没有突出的表现，但是只要你认真寻找，一定能够找到自己的所长，从而帮助自身更好地发展，并创造出辉煌的成就。

自信，会让全世界对你刮目相看

一个人即使再怎么努力，也不可能让所有人都对他满意。例如，他心底善良，待人宽容，处处忍让，却有人说他怯懦；他性格豪放，不拘小节，却有人说他粗鲁；他温文尔雅，说话温言细语，却有人说他娘娘腔；他对未来有着无限憧憬，工作上也不遗余力，却有人说他心机深重……在这种情况下，是改变自己，顺应他人的喜好做人做事，还是坚持自己呢？答案当然是后者。即使你改变了，也无法赢得所有人的满意，与其让自己变得四不像，我们不如坚定不移地做好自己，因为这才是最真实的我们。

不管是在生活中还是在工作中，一个人总会遭到否定，所谓众口难调，说的也就是这个道理。在这种情况下，我们唯有自信，才能坦然面对他人的否定，才能保持自己的本来面目。一个人云亦云、总是处处趋从别人和讨好别人的人，很难获得成功，因为他既没有主心骨，也没有获得成功的必备素质——自信。若一个人即使被全世界否定，也坚定不移地做着自己该做的事情、认为对的事情，那么，即便他不能获得成功，也会拥有属于自己的精彩人生。

每个人都想展示自己独特的才华，让自己得到他人的认可和肯定。毕竟，只有得到舞台展示自己，我们才能获得更加广阔的人生天地。然而，自卑的人往往因为犹豫纠结，很难抓住千载难逢的好机会，所以，我们唯有变得更加自信，才能毛遂自荐，才能坚持自己的正确主张和观点。很多正确的事情都是很难坚持的，在这种情况下，唯有自信才能帮助我们不断坚持下去、找到人生的正确之路。

悦纳自己，才能拥抱生活

现实生活中，有很多人都无法悦纳自己，反而对于自己有着各种各样的不满意。在这种情况下，一个人如何做到自信地面对人生呢？其人生自然也会因为这份自卑和不满变得黯然失色。这样的结果，显然每个人都不愿意看到。其实，每个人都是这个世界上与众不同的个体，我们首先应该认可和接受自己，然后才能欣赏自己，从而做到最大限度地发挥自己的主观能动性，拥有属于自己的精彩人生。

一个人如果整日对自己感到不满，还常常因此眉头紧皱、怨声载道，则整个人都会充满怨愤的气息，还会导致自己郁郁寡欢，由此也使负能量影响他人的正常生活，乃至给他人带来消极的不良影响。由此一来，他人必然对于我们传递出的负能量有所感觉，也会因此对我们产生不好的印象。从某种意义上来说，悦纳自己带给我们的是积极正向的能量，往往能够帮助我们驱散生活和工作中的阴霾，使我们始终保持乐观的心态，从而使我们的整个生活都变得阳光明媚起来。

著名的女作家吴淡如曾说，每个人心底里都有一首歌，专门唱歌自己听，愉悦自己，而不在乎是否能够得到他人的掌声。然而，现实生活中有多少人能够专心致志地唱好心底里的这首歌呢？大多数情况下，人们唱歌一定想要得到他人的认可和欣赏，也由此产生了更多的烦恼。如愿以偿是喜欢，不能如愿则是悲哀。倘若我们能够改变心态，专心致志地做好自己，凡事都只求心安，则我们一定能够接纳自己，面对人生的种种不如意，因此也会少了许多烦心事。

很久以前，有位年轻英俊的王子，是个驼背。为了治好自己的驼背，他四处求医问药，却不见成效。眼看着他越来越自卑，甚至再也不愿意出现在公众的面前，国王不由得焦急起来，特意求教王国中最明智的哲人。哲人思来想去，给国王出了个主意，说能治好王子的自卑。

国王找到全国大名鼎鼎的雕塑家，请他为王子雕刻了一座人像。王子的雕塑英俊潇洒，腰板挺直，脸上神采飞扬，没有丝毫阴霾。看到这尊雕像之后，王子突然间感慨落泪，国王抓住机会说："只要你想，你也可以这样。"后来，王子时刻注意纠正自己的驼背，过了半年之后，很多见到王子的人都说他的腰杆挺直了，王子也更有信心。如此过去几年的时间，王子在一天清晨起来照镜子时，发现自己居然真的和雕塑一样，腰杆挺直，身材挺拔。

作为美国历史上大名鼎鼎的总统，林肯才华横溢，却没有英俊的相貌，反而堪称丑陋。为此，那些别有用心的政客常常以此为由攻击他，有一次，有个政敌居然公开辱骂林肯："你长得这么丑陋，简直让人不忍直视。"林肯丝毫没有生气，而是笑着说："先生，你很荣幸，很快你就会发现自己因为辱骂一位伟大的人物而家喻户晓。"

在第一个事例中，王子因为雕塑的激励和不断提醒，最终挺直腰杆，让自己的身形变得更加挺拔。这样的改变并非是因为他一贯以来的自卑，而是因为他看到雕塑之后产生的自我认可和赏识。在第二个事例中，尽管政敌的攻击卑劣，但是确实可以验证一个事实，那就是林肯的确很丑。然而，林肯从未因为自己相貌丑陋感到自卑，反而悦纳自己，发挥自己的才华，从而使自己获得了长足的发展。

朋友们，每个人都有自己的优点和缺点，任何时候都不要一味地盯着自己的缺点，而应该尽量发掘自身的优点，唯有如此，我们才能做到客观公正地评价自己，从而不断提升和完善自己，让自己获得精彩绚烂的人生。

第 02 章

所有的云淡风轻，其实都是另一道风景

失意是人生自省的课题

我们虽不奢望人生一帆风顺，却也总希望人生的路是笔直顺畅的，尽管中间会遇到什么困难和挫折，不过始终是在前进——不走弯路、不停留在原地、不浪费时间。然而，生活就好像是电影一般，意外总是在不经意间出现，其中最让人难以接受的，往往不是失败和挫折，而是无能为力的煎熬，这就是失意时的感觉。所谓失意，不是一场巨大挑战后的失败，而是根本没有挑战的机会，不管自己所处的现状在别人眼里看来是好是坏，在自己看来，都是没有希望的牢笼。虽说失意时的落寞时刻是一种如地狱般的煎熬，但在这时更需要自我反省——为什么自己会落到失意的境地？除了时运不济，是否应该去寻找一些主观上的原因呢？成功者总会抓住失意时的机会，自我反省，总结失败的经验和教训，然后有一天东山起。

失败并不可怕，失意的情绪也并不可怕，可怕的是因此沉浸在失意的痛苦煎熬之中。即使面对失意，也要反省人生，也要昂首挺胸，也要懂得努力，这样我们才会迎来未来的胜利。人生的成功需要环环相扣，每一个阶段的终点意味着达到了新的起点。假如我们把人生的每一次失意都当作上天的考验，当作人生不断反省的课题，那人生真的会给我们一次次重来的机会。

在人生道路上，成功没有巅峰，追求也没有止境。短暂的得意往往会束缚人们前进的手脚，一时的辉煌也往往会消减人们的斗志。而失意中的自省，既让人痛心又催人奋进，既让人难堪又让人坚定，让人们在放弃时能鼓足勇气，想逃避时拾起自尊。失意是得意的前奏，是一笔财富，能够让人不断地反省自己，在低谷中抓住机遇，不断冒险与尝试，最终获得成功。

笑着接受命运赠予你的一切

生活中，我们常常祝福别人万事如意，但万事如意只是一种美好的祈愿，没有十全十美的人生，甚至很多时候，我们会被命运捉弄，它会毫无来由地给我们送来可怕的灾难。此时，如果人们无法承受，灾难就会占据人们的心灵，让人们失去欢乐，永远生活在它的阴影里。

的确，尘世之间，变数太多。我们唯一能掌控的，就是自己的心境。当厄运或不公正的待遇降临到我们头上时，如果无法改变它，就要学会接受它、适应它。

曾经有一对孪生兄弟，哥哥叫伊恩，弟弟叫杰森，兄弟二人帅气十足。但命运是不公的，他们遭遇了一场火灾事故，所幸消防员从废墟里扒出了他们兄弟俩，他们是那场火灾中仅剩的幸存者。

兄弟俩被送往当地的一家医院，虽然两人死里逃生，但大火已把他俩烧得面目全非。“多么帅的小伙子。”认识他们的人为兄弟俩惋惜。杰森整天对着医生唉声叹气，心想，自己成了这个样子，以后如何见人，如何在这个世界上生活？杰森无法接受眼前的现实，无法活下去的念头从他的思想走进了他的潜意识，他总是自暴自弃地重复着一句话："与其这样，还不如死了算了。"伊恩努力地劝说杰森："这次大火只有我们得救了，这说明我们的生命尤为珍贵，我们的生活最有意义。"

兄弟俩出院后，杰森还是无法面对现实，他偷偷服了50片安眠药，离开了人世。伊恩则艰难地生存了下来，无论遇到多么过分的冷嘲热讽，他都咬紧牙关挺了过来，他一次次地暗示自己："我生命的价值比谁都高贵。"

后来，他当了一名货车司机。一天，伊恩仍像往常一样送一车棉絮去加利福尼亚州。天空下着雨，路很滑，他把车开得很慢。此时，他发现不远处的一座桥上站着一个人。伊恩紧急刹车，汽车滑进了路边的一条小水沟里。他还没有靠近那个年轻人的时候，年轻人已经跳进了河里。年轻人被他救起后又连续跳了三次，最后一次，伊恩自己差点被大水吞没。

后来伊恩才知道，他救的是位亿万富翁。经劝解想通了的亿万富翁感激伊恩给了他第二次生命，并和他一起干起了事业。伊恩从一个积蓄不足10万元的司机，凭着自己的诚信经营，发展成了一个拥有3.2亿元资产的运输公司的董事长。几年后，医术发达了，伊恩用挣来的钱整好了自己的面容。

一对孪生兄弟，为什么命运如此不同？因为他们的心态不同。面对毁容，弟弟杰森无法接受，选择自杀结束了自己的生命；而伊恩却始终告诫自己，自己的生命价值比谁都高贵，他努力活了下来。后来，他用同样的信念救了另外一个轻生的名人，从而改变了自己的命运。

现实生活中，总有人一味沉溺在已经发生的事情中，不停地抱怨，不断地自责，以至于将自己的心境弄得越来越糟。这种对已经发生的无可弥补的事情不断抱怨和后悔的人，注定会活在迷离混沌的状态中，看不见前面一片明朗的人生。之所以这样，是因为经历的磨炼太少。正如俗语说的那样：天不晴是因为雨没下透，下透了，也就晴了。

放下悲伤，接受现实，才能重新起航。朋友，别以为胜利的光芒离你很遥远，当你揭开悲伤的黑幕，你会发现一轮火红的太阳正冲着你微笑。请用一秒钟忘记烦恼，用一分钟想想阳光，用一小时大声歌唱，然后，用微笑去谱写人生最美的乐章。

既已如此，事情还能糟糕到哪去

人生旅途漫漫，难免会遇到很多困难甚至是灾难，我们改变不了现状，但可以改变自己的心态，每当你遇到困难时，不妨以此激励自己：“既已如此，事情还能糟糕到哪去！”

在荷兰的阿姆斯特丹市，有一座宏伟的大教堂，它建于15世纪。教堂内有一句很醒目的题词：“事已至此，别无选择。”这句话在告诫世人，当厄运或不公正的待遇降临到我们头上时，如果无法改变它，就要学会接受它、适应它。

“还有什么比现在更糟糕的呢？”这是一种达观的人生态度。逆境或灾难中，抱着这样一种心态，凡事不焦躁，把一切交给时间处理，能适度保护自己。由此看来，很多情况下，一个人的处世态度，即人生观、价值观，直接影响着他的人生经历、人生体验。即使出生背景一模一样的两个人，如果人生态度不同，人生历程将会迥然不同。同样，人生命运固然多舛，但是，只要有积极向上的处世态度，就能享受成功的快乐，品味生活的乐趣。

人生苦短，我们确实渺小得如一粒尘埃，但无论生活给予我们怎样的挫折，我们都不能一蹶不振，而应该勇敢地站起来，正如张海迪所说："即使跌倒一百次，也要一百零一次地站起来。"失败并不可怕，可怕的是一蹶不振，一个人不仅要有天资、勤勉、进取之心，还要有一种经受得住挫折和磨难的韧性，这样才会使人生臻于完善，走向理想的归宿。

曾经有位叫希伯尼的医生，他发现，他能预知哪些癌症病人会痊愈。他只要问癌症病人："你想活到一百岁吗？"那些对于人生目的有深刻感悟的病人会说："当然想。"而这些病人大多数可以痊愈，因为人生有目的就有希望。事实上，任何人的一生都是如此，只要你决定过一个有清晰目的的人生，你的生命就会有奇妙的改变。

挫折是一种珍贵的资源，也是一种人生的财富。古今中外的理论和实践都证明：挫折教育可以增强人们的适应能力，磨炼人们的意志，令人们形成自我激励机制，这正是你成长所必不可少的“壮骨剂”。

没有裂缝，阳光怎么照进来

生活中的每一个人，都希望自己爱情顺利，与自己的爱人长相厮守，这是人们的美好愿望，但实际上，我们不难发现，不少人在婚姻生活中遇到了情感危机。此时，该如何是好呢？一拍两散，还是主动示好，再或者是好言相劝？此时，我们应该做的是冷静下来，理性处理，宽容对方，让对方重新感受恋爱与婚姻中的甜蜜，从而让婚姻绝处逢生。你应该明白的是，没有痛苦的体悟，又怎会有欢乐的珍贵呢？宽待你的爱人，宽待你的感情，你才有可能拯救已经出现裂痕的爱情。

当今社会里，物欲横流，感情泛滥，情又为何物？婚姻总是被背叛、出轨、一夜情这样的毒素充斥。一些男人女人经常会用一句最简单的话——“对爱人没有了激情”，以此作为出轨的理由，去追寻激情。可是，激情过后，他们才发现，外面的世界虽然精彩，可更多的是无奈和虚伪，平淡才是真，爱人才是自己永远的守候。而在此过程中，作为受伤害的一方，如果你向爱人表达愤怒、不满甚至与之展开战争，那么，只会加快对方离开的脚步；而如果你能冷静处理，尊重其选择，那么，婚姻也许另有转机。

如今，婚姻三步曲，“相敬如宾”到“相敬如冰”再到“相敬如兵”，从一往情深，到两相“遣倦”，从相看两不厌，到相看两厌，从“执子之手与子皆老”的美好夙愿到“转过身之后从此陌路”，感情蜕变之神速让人难以承受。当婚姻里的情感陷入危机时，你也可能会慨叹，“早知今日不该当初”“如果当初如何如何，现在就不会怎样怎样……”而处理感情问题，切不可暴躁，必须冷静。冷静才能分析出问题的根源。如果冷静分析之后，还找不到在一起的理由，那就应寻找出路了。

现代爱情和婚姻已经越来越宽容，爱不是卖身契，谁都不是卖给对方的，有缘分才能一辈子白头到老，没有缘分大可不必强迫对方跟你“从一而终”。该是你的，永远会是你的，不该是你的，强迫的婚姻没有任何幸福可言。

其实，我们的一生正是因为磨难的出现才精彩。百无聊赖的人生，感受不到成功的喜悦，最终得到的是冷冰的失落。不曾遭遇失意和痛苦，欢乐和幸福，只能是表面的、脆弱的；经历磨难，而不能泰然处之，也就永远不会真正地、深沉地实现辉煌的人生。正因为如此，如果你的爱情出现了瑕疵，如果你困于这种“不如意”之中，终日惴惴不安，那生活就会索然无味；与之相反，如果你能抱着宽容的心面对爱人，那么，灿烂的爱情主旋律必定会再为你弹奏。

总之，如果你的婚姻亮起红灯，冷静处理，不激化矛盾，不扩大纷争，既是保护自己，也许还会给婚姻一线生机。退一步讲，即使分手也并不是世界末日，面对分手，从心灵上呵护自己，从经济上考虑自己，倒是必要的。因为，即使没有了婚姻，生活还要继续……投入地爱，但不失去自己，的确是现代人面对婚姻所需要的基本智慧。

做好事之前先做个好人

大千世界，芸芸众生，人是万物之灵。作为独立个体的一个人，我们能主宰的事并不多，而我们可以主宰的却又恰恰是最为重要的如何“做人、做事”。如何做人、做事也许是这个世界上最为深奥、最应该让一个人活到老、学到老的永久课题。对此，我们应该遵循的原则是，不求事事顺心，但求无愧于心。的确，生活中的人们，尤其是那些经验尚浅的年轻人，在遇到很多事情的时候，可能不知如何下手、不知如何解决。此时，你不妨抛弃那些摇摆不定的想法，从这一原则出发，如此，才能保证你的选择是正确的。当然，这就要求我们做一个正直、善良、不徇私的人，因此，就免不了要约束自己、束缚自己，甚至多数场合伴随着痛苦，有时还可能是处处“吃亏”的苦难之路。但是，目光长远地看，根据坚定的哲学采取行动，最终绝对不会吃亏。即使暂时看上去吃亏，不久一定会恢复为“获利”，而且肯定不会犯大错。

我们都知道应该怎样做人，做人有一个很基本的原则，那就是不能太自私，不能只为自己的利益而不顾别人，要替别人着想。大多时候我们会认为，确保自己的利益，争取更多的回报是一个人能力的体现，是成功的标志。然而，真正为人处世的大智慧其实是学会吃亏。可以说，做人的可贵之处就在于乐于亏己。吃亏与放下一己私利在很多时候有异曲同工之妙。

可能我们听到有人说：“人不为己，天诛地灭。”这句话强调的是人们应该为谋取一己私利而使出浑身解数。的确，我们的周围，有这样一些人，他们将自己伪装起来，想方设法地要置自己的竞争对手于死地，在残酷的竞争过程中，他们变得心硬了、心冷了、变得残酷了、无情了、冷漠了。对于他们来说，一切与情字沾边的东西和一己私利相比都轻如鸿毛、不足一谈。而其实，追求私利的最终后果是，他们失去了更多：他们的亲情淡漠了，友情变味了，活得迷茫了……实际上，如果人们都能本着凡事但求无愧于心的原则，那么，我们不仅能做到心安理得，还会体会到比私利更温暖的人间真情。

在商业王国里，有各种各样的生意门道，但我们很难想象到，纽扣也会成为巨额利润的来源。但的确，有这样一位富翁，他靠卖纽扣发家。他开的店，既不气派，也不宽敞，却非常有特色。他的店，除了卖纽扣以外，其它东西都不卖。他的纽扣，不仅花色品种齐全，而且，如果有的女顾客一件漂亮的大衣上丢了一枚纽扣，纽扣店会想尽办法配上后寄给顾客。久而久之，小小的纽扣店在偌大的一座城市里人人皆知、家喻户晓。

当人们问及这位富翁的经营之道时，他回答：“世上的钱是赚不完的，我每出售一枚纽扣，只赚几分几厘。至于别人，比如，来纽扣店大量进货的成衣铺赚顾客多少钱，我根本不去攀比，我更在意的是能‘赚’到多少顾客。”

可见，放下过多的物质欲望和私利，也是一种生意经。乍一看，这是与利润来自于顾客这一原则相违背的，但本质上，为顾客考虑，多点关心，少点利益心，是“赚”到顾客的最根本方法。

犹太人的经商之道是成功的，这主要也是因为犹太人懂得放下私利能赢取人心的道理：一个人独资经营的情况下，不仅势单力薄，而且人力、才智匮乏，资金上也很难维持长久的、快速的增长。如果能找到可以长期合作的合伙人，就会增强公司的实力，虽然部分利益会分给合作伙伴，但较之无法持续经营情况，实在是好上太多了。

凡事但求无愧于心这一原则，任何一个社会人，都应该视其为考虑问题的第一准则。尽管随着时代的变迁，我们应该学会调整自我，但这一原则始终应该成为我们信守不变的做人基准。

绽放微笑，撒下一颗希望的种子

常言道，困难像弹簧，你强它就弱，你弱它就强。面对人生的困难，我们理应表现出强大的力量，如此才能成功超越困难，走到人生的顺境之中。没有人的人生会是一帆风顺的，每个人在生命的历程中或多或少都会遭遇困境，自然界中的万事万物都是此消彼长的，人生也同样如此。假如我们多一些积极乐观，我们面临的人生困境就会相应减少，相反，假如我们总是愁眉苦脸，那么，哪怕是明媚的阳光也会变得暗淡。因而聪明的人总是让自己表现出正能量，也只有这样，才能减弱生命中的负能量，使得我们的人生更加阳光灿烂。

面对人生的苦难，有的人选择悲伤地哭泣，最终陷入绝望的深渊无法自拔，人生也为此黯然失色。相反，有些人则会绽放出微笑，像清晨沾满露珠的鲜花一样明艳动人，朝着阳光的方向。对于这样的人，困难怎么会不停地纠缠呢！它只能灰溜溜地走开，让他们的人生恢复阳光明媚。如果说这个世界上还有什么具有神奇的力量，能够驱散命运的阴霾，那就是微笑。微笑就像阳光驱散乌云一样，也能使人生的坏运气消失得无影无踪。

苦难没有那么好心，它从来不会因为同情而照顾弱者，只会因为弱者的软弱而变本加厉。认清这一点之后，朋友们，你们还会向苦难低头吗？当然是绽放明艳的微笑，让自己在命运的旋涡中更加自信、更加勇敢、更加坚强。

在痛苦之中，我们挂在脸上的微笑就像是一粒希望的种子，只要希望在我们心中，人生就不会过于苦涩。面对人生的诸多磨难，我们唯有把痛苦转化成绽放在脸上的微笑之花，才能拥有面对人生最美好的笑容。

第 03 章

别总犹豫后悔，谁年轻时没撞过南墙

错就错了，别活在过去失败的阴影里

我们都知道，人无完人，都有一些弱点，难免会犯错，但人也有懂得改错的优点，人们在犯过一次错误后，多半都能从中吸取教训，找到错误的根源，从而避免再犯。因此，在错误面前，你大可不必自责，而应该学会总结经验教训。这就如同人们说的："不要为打翻的牛奶而哭泣。"你要明白的是，反思可以让你成长，而反悔则无益于事。你需要做的就是，不断反思自己的过失，在反思中行进。

现实生活中的人们，可能你经常会遇到这样的情况：某次团队合作中，因为你的疏忽而影响了整个团队的成绩，对此，你肯定很懊恼，但懊恼又有何用？不停地抱怨，不断地自责，你只会将自己的心境弄得越来越糟。尘世之间，变数太多。事情一旦发生，就绝非一个人的心境所能改变。伤神无济于事，郁闷无济于事，一门心思朝着目标走，才是最好的选择。相反，如果跌倒了就不敢爬起来，就不敢继续向前走，或者就决定放弃，那么你将永远止步不前。

泰戈尔说过：“如果你因错过太阳而流泪，那么你也将错过群星。”的确，人生如变幻莫测的天空，刚才还晴空万里，转眼间阴云密布、倾盆大雨。但这些都是上一秒发生的事，人要向前看，不管过去多么悲伤失意，过去的总归已是过去，只有向前看，才会有希望。我们都应该记住泰戈尔的这句话，并把它作为鼓励自己的一句座右铭——年轻就是资本，无论昨天的你失去了什么、做错了什么，那都已经成为过去，你要做的是向前看，努力过好现在，充实自己，这样，你就会发现，你的前方就是一片群星。

的确，人生就如四季的变化一样，有春夏秋冬的更替，才有不同的风景、不同的感受，因此，对于某个季节的美丽风景，就不要再牵挂。走过了，也就是那一面之缘。那路过的风景，只是为了丰富你人生的经历。对于人生的风雨坎坷，保持一颗乐观的心吧。那样，你每天都会有个好心情。

当然，当你犯错之后，总会心情不佳，要化失败为动力，你可以采取以下方法：

（1）仔细分析现状，找到自己的问题，不要怪罪于任何人；

（2）给自己的重新制订一份计划，这份计划必须要考虑到前一次失败的原因；

（3）不妨去想象一下自己在获得成果后的欢愉场景；

（4）收起那些曾经让你不快的记忆，它们现在已经变成你未来成功的养料了；

（5）重新出发。

你可能必须再三试行这五个步骤，然后才能如愿达成目标。重要的是，每尝试一次，你就能够增加一些收获，并向目标更加进一步。

当然，我们不必为昨天的错误而流泪，并不意味着我们可以推卸自己的责任，相反，一发现过错，我们就要勇于改正，这才是真学问、真道德。

什么是真正的过错？一个人有过错不要紧，过而能改，善莫大焉；有过错而不肯改，那才是真正的过错。

这一启示告诉生活中的我们，若想逐步完善自己，就必须戒除任何借口，主动改正错误。为此，你需要做到：

1.挖掘出自己需要改进的地方

（1）性格弱点。人无法避免与生俱来的弱点，必须正视，并尽量减少其对自己的影响。比如，如果你独立性太强，那么，在与人合作的时候，就可能会缺乏默契，对此，你要尽量克服。

（2）经验与经历中所欠缺的方面。“人无完人，金无足赤”，每个人在经历和经验方面都有不足，但只要善于发现，只要努力克服，就会有所提高。

2.自我反省

当你获得一定的荣誉、取得一定的成绩或是遭遇一些失败后，最难能可贵的就是胜不骄、败不馁，懂得自我反省，才会不断进步。

3.直视自己，不要害怕犯错误

“人无完人”，所以，谁都有可能犯错。关键是你要告诫自己，下次不能再犯。相反，假设你在做事前就谨小慎微，暗示自己决不能犯错，那么，你反而会因为有心理压力而做不好，而且，害怕犯错误的心理会让你倾向于掩盖错误。你会离谦虚这两个字越来越远。想要不再害怕犯错误，就要从现在开始，正视错误并积极主动地改正错误。当自己犯错的时候，第一想到的应该是怎样挽回，而不是怎样逃避。

总之，我们要做个凡事向前看并且善于自我反省和自我纠错的人，只有这样，才能够发现自己的缺点或者做得不够好的地方，然后加以改正，使自己不断进步，并努力扬长避短，发挥自己的最大潜能。

淡定从容，笑对冷遇

人的一生，说长也长，说短也短。在漫长而又短暂的一生之中，我们的人生不可能永远都平顺，更多的时候，我们会遭遇坎坷和挫折，也会受到冷落的待遇。这就像是大海中的波涛一样，既有波峰，也有波谷，唯有保持内心的淡定从容，我们才能平静对待波峰和波谷，才能更加顺利地度过人生的逆境。

面对人生冷遇，有些人会不停地抱怨，尽管非但于事无补，反而会使自己陷入恶性循环之中，但是他们依然无休无止地抱怨，似乎抱怨是他们唯一的出路。明智的人则不会这么做，因为他们知道与其花费宝贵的时间和精力用来抱怨，不如努力提升和完善自己，使自己在人生之中得到更多的馈赠和礼遇。也许他们并不能如愿以偿，但是只要展开切实的行动，他们就能赢来契机，从而改变命运。

希望永远存在于我们的心里，不管我们此刻面对的人生多么艰难，只要我们心中有希望，我们的人生之路上就有灯光。在暗夜之中，恰恰是那如豆的灯光给了我们无限的温暖和慰藉，也让我们的人生之路更加开阔。要知道，任何人都不可能占尽优势、绝无劣势。更多的时候，人的优势和劣势是相互转换的，也许在这种情况下是优势，到了另一种情况下就变成了劣势，反之亦然。由此可见，只要我们心怀希望，努力寻找生机，即便遭遇绝境，也能绝处逢生，为自己赢得更多美好的未来。

毋庸置疑，人生遭遇冷遇是很难堪和尴尬的，尤其是在冷遇维持很长的时间都没有转机的情况下，如果没有坚韧不拔的毅力，如果没有勇敢向上的拼搏精神，我们就不可能熬过人生中黎明前那段最漫长而又黑暗的时期。所谓吃得苦中苦，方为人上人，也只有能够耐心坐得人生冷板凳的人，才能沉下心来认真地思考人生，并帮助自己赢得未来。

大学毕业后，黎明之所以选择这家公司，就是因为看到这家公司有海外分公司，以后也许能够争取到机会出国。为此，黎明自从进入公司之后就兢兢业业地工作，从未有过一天的松懈。果不其然，黎明负责的海外市场的工作进展非常顺利，接连几个大项目都顺利上马。原本，黎明以为自己距离梦想中的成功越来越近了，不想有一天中午，老总突然叫黎明去他的办公室谈话。这次谈话之后，黎明被调动到另外一个刚刚成立的部门，虽然老总美其名曰黎明能力强，能够帮助公司打开局面，但是大家都心知肚明，那个部门形同鸡肋，弃之可惜，食之无味，简直没有任何可取之处。面对这样的遭遇，也许有些人在冲动之下就会选择辞职走人，但是黎明则静下心来，开始努力学习英语，以便等到机会到来时能够抓住机会。皇天不负苦心人，当黎明在新部门里把英语从四级提升到八级，而且通过了托福考试之后，他突然得知公司的海外事业部正在招聘一个熟悉内地市场的人选，为此他毫不犹豫地投递简历和资料，参加了竞聘。果不其然，工作经验和英语水平都完全符合要求的黎明，顺利获得了这个职位，也如愿以偿地去了澳大利亚分公司工作。至此，黎明终于坐完了人生的冷板凳，迎来了人生中新的阶段和机遇。

在遭遇冷遇的时候，黎明没有感到愤怒，更没有抱怨，他看似逆来顺受，实际上却在抓住每一分每一秒的时间帮助自己作足准备，迎接机会的到来。正因为他能坐好人生的冷板凳，让自己准备充分，所以他才能在机会到来时准确抓住，从而实现自己的人生梦想。不忘初心，方得始终，不管是处于人生的顺境还是逆境，我们都要始终保持积极乐观的人生态度，如此才能最大限度地发挥自身的实力和潜力，创造出与众不同的辉煌人生。

人生路上，每个人都有可能遭遇冷遇，恰恰是因为对待人生冷遇的态度不同，每个人也才拥有了完全不同的人生。即便一个人非常努力，也有可能付出得不到回报，甚至得不到公平的待遇。在这种情况下，不要抱怨，更不要气馁，只要你能够坚持不懈地坐好冷板凳，人生就会再次柳暗花明。

强者从来不会被轻易打垮

生活中，很多人都以强者自诩，然而在遭遇苦难的时候又被轻易打垮，不得不说他们并不是人生中真正的强者，因为真正的强者从来不会被轻易打垮。有些人抱怨命运不公，给予他们太多的挫折和磨难，让他们的人生如同一场艰难的修行，其实，谁的人生是一帆风顺的呢？大多数情况下，每个人的人生都要遇到或多或少的挫折和障碍，正是这些历练让我们不断成长和成熟起来，也从脆弱变得坚强、从稚嫩变得老练。就像一棵树总要经历风吹雨打，才能历经沧桑、变得顶天立地一样，人也需要经历风风雨雨，才能傲然屹立于世，无畏人生的一切磨难。

其实，现实生活中有很多人都具备成功的条件，他们之中有些人天赋异禀，有些人能力超群，还有些人思维敏捷，从来不会被难题困住，也不乏有些人像老黄牛一样勤勤恳恳，然而他们就是无法成功。究其根本，是因为他们在面对失败和困境时缺乏坚韧不拔的精神，总是轻易被困难打倒。他们是生活的弱者，所以命运也从不厚待他们，总是让他们饱尝失败的滋味。假如能够从失败之中总结经验和教训，有所顿悟，则他们一定能够突破自我，超越自我，实现真正的成功。遗憾的是，他们除了退缩和抱怨之外，根本没有做任何有益于成功的事情，这也就注定了他们的失败。

正如一首歌里所唱的那样，“不经历风雨，怎能见彩虹，没有人能随随便便成功”。通常，我们只看到了成功者身上耀眼的光环，却忽视了他们背后不为人知的辛酸。在奋斗伊始，他们也一定饱尝命运的捉弄，更忍受了常人所无法忍受的痛苦和挫败感。正是凭借着越挫越勇、永不放弃的精神，他们才最终获得了成功的喜悦，拥有了常人无法企及的成就。

生活中，自诩为强者并没有实际的意义，只有在危急时刻表现出强者的精神、胆识和魄力，才能成为真正的强者。任何时候，成功都不可能一蹴而就，真正的勇士敢于面对命运的一波三折，也能够保持勇往直前的信心和勇气，这样的强者才是值得人们敬畏的。

有错误才有进步，有挫折才有斗志

有人曾说，人生是一个又一个的错误。看起来，说这话的人一定非常悲观消沉，似乎对人生已经参透，再无奢求。实际上，他说的是人生的真相。人生，的确是由一个又一个的错误组合而成的，就像一串糖葫芦，被糖衣包裹着串起来。只不过，我们不能任由错误呈现，而是要改正错误，汲取经验和教训。我们所犯的每一个错误之间，都不是重复的过程，而是衔接的过程。还有人说过，人生是螺旋式上升，即人生的路很多时候会重复，只不过，在重复的时候已经远远高于它的初次出现。这就是进步。是错误帮助我们实现了点点滴滴的进步，在改正错误的过程中，我们获得了经验，得到了教训，因而得以螺旋式上升。

谁的人生之中没有错误呢？除非是还没有出生的婴儿。没有错误，意味着空白。一旦在人生的白纸上落笔，就必然会有错误。很多人最大的愿望就是希望自己的人生之中没有任何弯路，而是笔直地通往成功的终点。我们只能说，这个梦想太浅白。没有错误的人生就失去了意义，变得没有厚度，也没有高度。错误，是人生的重要材料之一，和进步一起铺就我们的成功之路。犯了错并不可怕，最重要的是痛定思痛，能从错误中得到进步和成长。婴儿学步的时候，常常摔倒。他们跌倒了，会再爬起来。在一个地方摔的次数多了，就会记得经过那个地方的时候要非常小心，避开障碍物。人生也是如此。同样的错误如果犯两遍，那一定是事出有因的。通常情况下，犯错就是排雷的过程。在上学的时候，每个人都曾经参加过无数次考试，老师也一定说过考试是一个发现问题的机会。平日里，我们一味地埋头苦学，很多东西自以为理解是正确的，也牢牢记住了，实际上只是混了个面熟。在一次又一次的考试中，我们知道了哪些知识是需要巩固的，哪些知识已经牢牢地记在心底，还会知道哪些知识是我们还没有掌握、需要重点学习的。如此一来，十年磨一剑，等到真正的紧要关头，我们掌握的知识就能为我们博得机会、改变人生。犯错的意义就在于此。

年轻人走在年轻的道路上，更是必然伴随着错误。只有不逃避、不回避，坦然面对错误，从错误中吸取经验和教训，错误才会为我们的成功添砖加瓦。这个世界上，不犯错误的人肯定是神，但是世界上是没有神的。所以，没有任何人能够摆脱错误而存在。对于错误，我们不用唯恐避之不及，只要坦然面对、勇于改正即好。

失败只是人生中的体验，而不是人生的噩梦

在这个世界上，总有人显得非常消极，对任何事情都提不起兴致来，也缺乏必要的自信，因而他们的人生暗淡无光，也毫无希望可言。他们为什么会这样呢？拥有可贵的生命，我们每个人不都应该心怀感恩，对生命满怀激情吗？实际上，这些人的颓废沮丧，都是因为失败导致的。

有些人承受失败打击的能力很弱，也许只是一次小小的失败，就会让他们在很长时间内都自信心受损，无法恢复自信。尤其是在接连遭受失败打击的情况下，他们简直对人生都失去希望，因而总是消极沮丧，觉得无聊乏味。其实，这主要是因为他们对待失败的态度不够端正。他们一旦遭遇失败，就开始抱怨命运的不公平，

也抱怨人生，甚至会抱怨父母和自己身边的人。殊不知，抱怨只会让人更加消极地对待问题，根本无法让人们鼓起信心和勇气。此外，还有些人一旦失败，就会认为是自己能力不足导致的，由此给自己贴上负面标签，也不再发奋努力。总而言之，这些人面对失败的心态都很消极，所以才会令挫败感不断强化，最终使人生定格在失败的态势中。

实际上，对于任何人而言，一次失败都不会导致人生定格于失败，也不会导致人生永远与成功绝缘。一次失败并不意味着什么，对于积极的人而言，也许就是一次自我的反省和升华。积极的人从失败中看到生机，也从失败中发现机遇。甚至，当我们努力从失败中汲取经验和教训之后，人生反而柳暗花明又一村，乃至彻底摆脱厄运。从人生体验的角度而言，失败只是人生的一次体验。众所周知，对于人生而言，不经历也就不成经验，经历和体验的越多，也就意味着人们获得的人生经验越丰富。所以说，失败是成功之母，也是我们打开成功大门的钥匙。

失败是成功之母。尽管我们只是普通人，但是普通人的人生也会常常遭受失败的打击。从现在开始，就让我们鼓足勇气面对失败吧，只有当我们踩着失败的废墟站起来，继续在人生的路上勇往直前，我们才能最终到达人生的彼岸，获得成功的人生。

只要坚持不懈，就一定能跑到终点

在遭遇人生的坎坷挫折时，我们常常感到濒临崩溃，甚至觉得自己再也无法继续支撑下去了。然而我们不知道的是，在我们感到无以为继的时候，痛苦其实也在打退堂鼓，它或者被我们的顽强不屈吓退，或者也是能量有限，无法继续折磨我们。总而言之，在与痛苦的较量中，我们要想获胜，就不能成为率先缴械投降的那个人。一旦我们退出较量，我们就没有可能最终获胜。

泰戈尔曾说，人生不管是处于顺境还是处于逆境，都像是一场不断征服各种困难的斗争，我们要以一己之力战胜层出不穷的诸多困难，所以我们必须坦然面对人生的不如意，迁就我们生存的环境，对这个世界多一些忍耐。的确，当我们主观上无法战胜客观的各种苦难和磨难时，当我们哪怕再怎么努力也无法改变客观外界时，我们唯有改变自己，才能适应外部的世界，才能战胜痛苦，迎来人生中柳暗花明又一村的境界。

人生，不但是得意的时候要笑，在失意的时候也要能够笑出来。笑到最后的人才是笑得最好的人，不管什么情况下，我们都要成为那个笑到最后的人，如此才能真正赢得人生。现代社会，尤其是在职场上，很多人怨天尤人，总是觉得命运不公，所以他们才活得不如意。殊不知，命运是公平的，它虽然没有给你一个成功的背景，却给了你幸福快乐的家庭。它虽然没有让你拥有与众不同的才华，却让你拥有了快乐从容的人生。它虽然没有给你好运气，却让你努力付出就能得到回报。总而言之，命运没有亏待你，所以你完全无须沮丧绝望。然而不可否认的时候，命运常常会故意考验人们的意志力。正如古人所说，故天将降大任于斯人也，必先苦其心志，劳其筋骨，饿其体肤，空乏其身，行拂乱其所为，所以动心忍性，曾益其所不能。

朋友们，不要抱怨自己没有被命运委以重任，而要先想一想，自己在命运的磨难面前，表现是否过关。很多人遭遇小小的打击就放弃自己，恨不得结束生命，毫无疑问，这样的人根本不可能得到命运的青睐，更不可能在人群中脱颖而出。对于年轻人而言，经受适当的磨难并非坏事，磨难能使我们的生命更加沉淀，也能帮助我们更从容地面对人生。虽然，仅从表面上看，痛苦使人不堪，但是从深层次来看，痛苦是使人进入人生新境界的必经之路。朋友们，让我们学会在人生痛苦的跑道上努力冲刺吧，只要我们坚持不懈，就一定能够冲到人生的转弯处，从而进入人生更新更高的境界，给自己新的机会拓展人生。

第 04 章

时间宝贵，别把光阴浪费在不值得的事物上

活得痛苦，是因为你追求错误的东西

生活中，有的人之所以活得痛苦，那是因为他们追求了错误的东西，错把别人的生活当作自己的幸福，错把金钱、权力当作自己的幸福。在他们的眼里，有了房子才有安全感，于是就为了别人所定义的“安全感”背上了十年、二十年的债务，节衣缩食，心不甘、情不愿地当起了房奴；在他们眼里，在高级餐厅里约会才是最浪漫的，于是就将这当成一种对美好生活的向往，宁愿连吃数日方便面也要勒紧裤带去潇洒一次；在他们眼里，没去过健身房就不够时尚前卫，于是就赶紧去健身房报名，学那些自己并不感兴趣的课程，只是为了达到别人所定义的“幸福生活”。但那些生活真的属于自己吗？为什么即便我们达到了这样的生活标准还是不快乐呢？究其原因，在于我们与自己较真，总是一味地追求那些不属于自己的错误的东西，就好像我们穿着不合尺寸的衣服，不是嫌太大，就是嫌太难看。

我们总是向往着这样的生活：条件优秀的另一半、可爱的孩子、宽大的房子、豪华的轿车、稳定的工作。在我们看来，似乎这样的生活才是最幸福快乐的，但这样的生活适合自己吗？较真，有时候就是自己的外在与内心互相对峙，明明这是心里不喜欢的，却为了迎合别人的眼光而刻意将自己的生活变得乱七八糟。所以，放下对别人生命羡慕嫉妒的眼光，放下内心的固执与较真，学会享受生活所带来的快乐与宁静。

你要什么，就会得到什么

在快节奏的现代社会，为了生计，为了拥有更好的生活，我们常常步履匆匆，忙于工作、事业，却忽略了自己的内心。然而，当夜深人静，当你驻足窗前，当你看到绚丽的霓虹时，你可曾想过有否错过生命中很多重要的东西？你是否发现，你的双亲已经双鬓发白，而你未曾侍奉在前？你是否因为缺少对爱人的关心而导致婚姻失败？你是否因为竞赛中的一个小失误而导致失利？你是否因为无视朋友的感受而导致朋友的离去？

想到这些，你的心是否为之一颤？人生的路上，我们可能错过很多，也可能在某些方面做得不足甚至是失败，你可能为会为此悔不当初，其实，与其后悔，不如去珍惜，从失败的经验中获得反省，你才能在人生的路上一路收获！

事实上，生命的意义不仅在于要成就多么伟大的事业、实现多么崇高的人生目标，或者拥有多少的财富，也在于如何淡然地享受人生追求努力过程中的愉快心情，感受人生过程里那份淡淡的幸福味道。

现实生活里，我们大多数的人都渴望人生丰富多彩，不遗余力地追求理想目标的实现，却不知道淡然地享受人生过程、享受人生平平淡淡的幸福快乐。其实，无论人生目标有多么瑰丽辉煌，我们也不能为了“短暂”的拥有而放弃过程里的开心微笑。

什么是幸福？幸福是一种心境，淡泊宁静，不计较得失，不在乎成败。这是一种睿智的生活态度和生活方式，是对现代文明压抑的一种反抗。

人不能改变过去，也不能控制将来，人能控制改变的只是此时此刻的心念、语言和行为。过去和未来的东西都虚无缥缈，只有当下此刻才是真实的。因此，一个人的生命不管能否长久，生命过程应该是丰富多彩的，无论人的生命长久与短暂，人生的道路都应该是宽阔有风景的，享受过程时都应该是愉快幸福的。我们每个人都应该珍惜每一天的到来。

实际上，一个人的人生坐标定在什么位置，就有什么样的幸福。最大的幸福莫过于好好活着，珍惜今天，珍惜当下。人生在世，会经历许多事情，坎坎坷坷，酸甜苦辣，人皆有之。一帆风顺，只是祝福语，只是一种愿望。其实，幸福就在我们身边，只要我们努力去寻找和创造。

世事繁杂，关注太多反而会乱了心神

人生在世，谁都希望自己每天走的是一条光明的康庄大道。但我们的精力是有限的，要想有所建树，我们就不可能关注太多，否则，只会乱了心神。尼采曾经说过这样一段话："若是对自己周围的事物都有兴致，那最后你只能成为一事无成的空壳；一些人将目标投向各种事物只是为了填补内心的空虚。诚然，好奇心会激发我们身上的潜能，然而，人生苦短，我们没有精力去经历所有事，我们应该趁着年轻时脚踏实地，认清自己前进的方向，并沿着这一方向不断钻研，这样一定能令自己更加贤明与充实。"很明显，尼采的这段话是要告诉我们，要趁年轻，专注于一件事，脚踏实地去做。伊格诺蒂乌斯·劳拉有一句名言："一次做好一件事情的人比同时涉猎多个领域的人要好得多。"在太多的领域内都付出努力，我们就难免会分散精力，阻碍进步，最终一无所成。

福韦尔·柏克斯顿认为，成功来自一般的工作方法和特别的勤奋用功，他坚信《圣经》的训诫：“无论你做什么，你都要竭尽全力！”他把自己一生的成就归功于对“在一定时期不遗余力地做一件事”这一信条的实践。

然而，现实生活中，我们发现，有这样一些人，他们似乎总是心浮气躁。他们有太多的空想，他们要么同时对很多事都感兴趣，要么当手头事出现阻碍时就把目标转移，但是，任何目标的实现，正像许多人所做的那样，不仅需要耐心地等待，而且需要坚持不懈地奋斗和百折不挠地拼搏。切实可行的目标一旦确立，就必须迅速付诸实施，并且不可产生丝毫动摇。

我们需要明白一个道理，不要有太多的空想，而要专注于眼前的工作。在生活中的多数情况下，对枯燥乏味工作的忍受和含辛茹苦，应被视为最有益于人身心健康的原则、为人们所乐意接受。阿雷・谢富尔指出：“在生活中，唯有精神和肉体的劳动才能结出丰硕的果实。奋斗、奋斗，再奋斗，这就是生活，也唯有如此，才能实现自身的价值。我可以自豪地说，还没有什么东西曾使我丧失信心和勇气。一般说来，一个人如果具有强健的体魄和高尚的目标，那么他一定能实现自己的心愿。”

在每一种追求中，作为成功之保证的，与其说是卓越的才能，不如说是追求的目标。目标不仅令人们产生了实现它的能力，而且令人们产生了充满活力、不屈不挠为之奋斗的意志。因此，我们需要记住的是：世事繁杂，我们不必关注太多，只要做好手头事、着眼于当下，一步一个脚印，你就会有所收获。

正确认识自己，我们并没有自己想象得那么重要

当你穿着白裙子兴冲冲地去上班，路上却不小心被拥挤的人群中的某一个踩了一脚，因而裙角就多了半个大黑脚印，你的好心情是否会大打折扣，甚至马上变得沮丧？因为你害怕每一个同事都会留意到这半个大黑脚印。当你鼻头上突然长出一个脓包，你又不敢挤压，因此只好硬着头皮顶着脓包去上班，让自己暴露于众目

睽睽之下，你是否觉得每一个看到你的人都对你窃窃私语？尤其是对于一颗敏感而又脆弱的心而言，哪怕只是脸上多了一颗青春痘，或者衣服上有小小的污渍，都足以让其心神不宁一整天，觉得自己遭到了所有人的耻笑。其实，真的有那么多人在关注和留意你吗？因为这份敏感，你整日惶惶不安，生怕别人眼中的自己不够完美，也因此心力憔悴。直到有一天你才发现，你并没有自己想象中那么重要。

当你笑着对同事说起自己裙子上的黑脚印，当你不好意思地提起自己鼻头上的脓包，你会发现同事们只是莞尔一笑，根本没有对你的异常有任何发现。倘若你不说，也许他们在未来的日子里也依然不会发现。原来，我们一切的不安都源于自己的内心，我们把自己想得太重要了，也因此让自己变得不堪重负、身心俱疲。把自己放下吧，让自己的心归零，当你把自己看得轻飘飘时，你整个人也会随之变得轻松起来。难怪有位名人曾说，人最大的敌人就是自己。我们情绪的波动，我们的焦躁不安，其实只源于我们的心。当我们内心平和时，我们整个人生也会变得淡定自若。

现代职场，也有很多人自以为是，觉得自己才华横溢，却没有得到重用，也没有得到理想的薪酬。殊不知，人外有人，天外有天，任何情况下，我们都不会是公司里绝无仅有的人才。在这种情况下，我们唯有更好地摆正自己的位置，中肯地认识和评价自己，才能帮助自己消除不平衡的心理，从而让自己更加积极主动地对待工作。把自己看得太重，实际上是给心灵背上沉重的包袱，同时，自以为是的心也是我们成功路上的绊脚石。唯有放空自己，归零内心，我们才能更加平和淡定地面对整个人生。

作为英国大名鼎鼎的剧作家，萧伯纳在整个世界范围内都很有名气。有一天，萧伯纳来到一个陌生的城市游览，散步时他偶遇一个美丽可爱的小姑娘，高兴地与这个小姑娘玩了很久，不亦乐乎。眼看着天色渐渐晚了，萧伯纳准备离开，小姑娘也要回家了，因而萧伯纳对小姑娘说："小可爱，认识你很高兴。回家之后，你一定要记得告诉你妈妈，今天陪伴你玩耍的人是著名作家萧伯纳。”小姑娘沉默了一会儿，才一本正经地对萧伯纳说：“我也很高兴认识你。回家之后，你也要记得告诉你妈妈，今天陪伴你玩耍的人是一个英国的小姑娘，她很开心。”说完，小姑娘就蹦蹦跳跳地回家了，留下萧伯纳独自站在那里沉思良久。一直以来，萧伯纳都觉得人们以认识他这个大名鼎鼎的作家为荣，却不知道，对于一个普通的小姑娘而言，他只是一个普普通通的小伙伴，能给小姑娘带来快乐就足够了。

几天之后，萧伯纳把这件事情与朋友分享，感慨万千地说：“一个人不管有多大的成就，都不应该自视甚高，更不应该骄傲。唯有放下自己，怀着谦虚低调的心态，才能平等对待他人。”

即使是大名鼎鼎的萧伯纳，也终有一天发现自己并不像自己想象的那么重要。其实，放下自我是一种非常健康的心态，也是人成熟的标志，更是具有人生智慧的表现。不管我们官职多高，也不管我们的成就有多大，任何时候都把自己当成一个普通人，这对于我们与他人的相处包括自处，都是很有好处的。

从学习和提升的角度而言，不管是在生活中还是在工作中，我们都唯有把自己放低，才能让自己有更大的空间向上发展；假如我们自视甚高，难免会因为骄傲，导致向上的空间缩小，也就无法更好地发展自己。

不要把时间浪费于不值得的事情

不值得定律是人们经常存有的一种心理现象，最能直观地表现不值得定律的就是：这件事不值得去做，也就不需要做好。这一定律反映的是人们这样一种心理——一个人若是从事了一份自以为不值得的工作，就容易产生敷衍塞责的态度，对该工作冷嘲热讽。如此一来，成功率极低；即使成功了，也不会产生多少成就感。因此，对个人而言，若是你的工作不具有“值得做”的三项因素，那么你就该思考一下是否要换一份工作了。

刘能是毕业于计算机专业的硕士生，在一家大型软件公司工作。工作没过多久，他就因为专业技术过人，工作能力出色，替公司研发出一套大型财务管理软件，受到领导的肯定与同事的称赞，去年还被提升为开发部经理。他不仅技术精通，还受到下属的信任与尊敬，开发部在他的带领下成绩斐然。公司老总觉得刘能很有能力，将其提升至总经办，负责整个公司的管理工作。受到任命的刘能并没有多么开心，因为他深知自己擅长的方面是技术而不是管理，如果纯粹做管理，不仅无法发挥自己的特长，还会荒废了自己的专业，特别重要的是，自身并不喜欢做管理。但是，碍于领导的面子和权威，刘能最终接受了这项对他来说并不值得去做的工作。

果不其然，接下来的一个月中，虽然刘能也付出了很多心血，然而结果还是令人大为失望，公司也开始给他施加压力。如此一来，刘能不仅感觉工作非常压抑，没有乐趣，还更加讨厌自己的职位和工作内容，甚至想要辞职。

在职场中，每个人大部分的精力都应消耗在和工作相关的事上面，若是将大量的时间浪费在一件不值得做的事上，那么工作只怕是要成为一件苦差事了，就和刘能一样，甚至可能对自己的前途造成影响。因此，只有选择你喜欢的，并且喜欢你选择的，才有可能激发自身的奋斗之心，才有可能做到心安理得。这正是不值得定律给予我们的启示：不要选择不值得做的事，选择了值得做的事后就一定要把它做好。

明白了不值得定律给人们带来的影响后，我们何不用恋爱的心情来面对我们的工作呢？不光是选择自己喜欢的，忠于心中所爱，更要在坚持的道路上用心经营，如此一来，爱情才能够长久；用这样的心境面对自己的工作，才有可能在工作里面有一定收获。也就是说，不管是什么工作，只要摆到了你的面前，都值得你用心对待，只有这种心态，才能使你无往不利。

不为不值得的事情浪费时间，不是让你选择逃避，而是希望每个人都能直面现实，该放弃的时候果断选择放弃，而不是被不值得的事绊住脚步，然后裹足不前，失了往前发展的机会。

第 05 章

只有回不去的过往，没有到不了的明天

凡事想开些，别把自己逼进牛角尖

有人说：“处于不幸中，垂头丧气显然于事无补，我们要做的，除了坦然面对之外，能改变的，只有自己的心。”当生活的不幸来临的时候，积极的心态是一个人战胜一切艰难困苦、走向成功的助推器。人要看得开，人就不会败。积极的心态，能激发人们自身的所有聪明才智；而消极的心态，就好似蜘蛛网缠住昆虫的翅膀一样，不断地束缚人们才华的施展。在不幸面前，有的人越过越好，而有的人却从此一蹶不振，其实，这两者的区别在于心态的差异：前者所拥有的是积极的心态，而后者则总是呈现出消极心态。当然，心态是个人的选择，有积极心态的人往往会处于不败之中，一个人若是有了积极乐观的心态，那么，战胜不幸对于他来说就很容易了。

这是一个遭遇不幸的家庭。丈夫原来是一家工厂的职工，乖巧懂事的儿子正在读高中。不过，这一切全因为妻子生病而毁了，如今，妻子瘫痪在床，生活不能自理。对此，丈夫不得不辞去工厂的工作，在家里照顾妻子。

看到家里这种情况，懂事的儿子要辍学打工，但是，父母坚决不同意。爸爸对儿子说："如果你不念书了，你妈妈会觉得连累了你，心里会是多么难过。你是咱家最大的希望，现在咱们苦点，等你将来考上大学，毕业后找份好工作，咱们不就翻身了吗？再说家里还有我呢！咱们两个都是男人，这个时候都需要坚强起来，没有过不去的火焰山。"儿子最终没有辍学，学校得知情况后，免去了他的学费。

但是，一家人总是要吃饭的，仅仅靠着政府救济是解决不了问题的。丈夫要照顾妻子，不能出去工作，他就在家里弄了一个小作坊，利用自己的手艺做些小工艺品，卖给街上的商店，商店再卖给来旅游的游客。后来，妻子也加入到其中，夫妻俩在家里一边做工艺品，一边说说笑笑，丝毫看不出生活带来的痛苦。

丈夫总是很幸福地对妻子说：“我觉得我们很幸福，天天都在一起，同劳动同吃饭，多好。”丈夫还学会了按摩，每天坚持给妻子按摩两个小时，妻子的病情大有好转，瘫痪的双腿渐渐有了知觉。

如今，妻子在拐杖的支撑下试着练习走路，尽管很痛苦，但妻子还是每天咬牙坚持练习。她说：“尽管医生说过我的双腿不可能再恢复了，但我还是想试试看，奇迹不都是人创造出来的吗？我也试试看能不能创造出一个奇迹。”

或许，看完这个故事，你根本想象不到这是一个遭遇不幸的家庭，他们跟所有幸福的家庭一样，没有什么痛苦。什么是不幸呢？心若看开，人就永远不会败。积极乐观的心态是成功的起点，消极的心态是失败的源泉。在遭遇不幸的时候，选择了积极的心态，就等于选择了成功的希望；选择了消极的心态，就注定了要走入失败的沼泽。如果你想摆脱不幸，就必须摒弃那扼杀你的潜能、摧毁你希望的消极心态。

积极的心态使人看到希望，保持进取的旺盛斗志。消极心态使人沮丧、失望，限制和扼杀人的潜能。积极的心态创造人生，消极的心态消耗人生。西部“牛仔大王”李维斯的西部发迹史充满坎坷，充满传奇。他的制胜“法宝”是——每当受到挫折、遭受打击时，绝不抱怨，并且非常兴奋地对自己说：“太棒了！这样的事竟然发生在我的身上，又给了我一次成长的机会。”对于我们每个人来说，生活和事业不可能一帆风顺，常常会遇到各种困难和挫折，我们必须永远怀有事情还会有转机的乐观心态，才能战胜逆境获得成功。

静坐无所为，春来草自青

“静坐无所为”来自于汪曾祺先生的一部集子；而“春来草自青”，是印度一位哲学教授——奥修先生的文集，这两句话的含义都是要告诉我们，只要学会以平静、客观的心境来看待事物，就能够不受感情因素的影响而看清事物的真实面貌。

我们都知道，人都是情绪的动物，我们的情绪会被周围的人和事所影响，但成功的人往往能做到自控，做事不冲动。而失败的人则相反，他们性情散漫、毫无节制，总是受自己的情绪摆布，而情绪又总是依环境氛围而变幻莫测，于是，他们起伏摇荡于这种恶性失衡之中，做事时陷入自相矛盾的境地。这种过分轻狂不仅毁掉了他们的意志，也殃及他们的判断力，干扰了他们的欲望和理解力。

生活中的你，也许是容易冲动的人，但请记住：冲动是魔鬼，会让自己一败涂地，从现在起，一定要做到自制，理智思考并克服自己的情绪。因为，成功需要很强的自律能力。

从前，在英国的一个古镇上，住着一个六十几岁的富有老绅士，可惜的是，他膝下无子。随着年纪越来越大，他也慢慢考虑要找个继承人了，最关键的是，他也需要人照顾。他想从村里的这些孩子里挑选出一个，可是，该选择谁呢？他最欣赏那些能抵御住诱惑、没有好奇心的孩子。

镇上的很多孩子在知道老绅士要寻找一个财产继承人的时候，都纷纷给老绅士写信。很快，老绅士就收到了二十多封求职信。

这天早上，三个打扮得干净利落的少年出现在了老绅士的客厅。

老绅士先考核的是一个叫杰克的人，他被带到了一个房间，然后，引他进门的人便出去了。杰克一人坐在了沙发上，刚开始，他等待着老绅士的到来，但一个小时过去了，还没人敲门，他就躁动起来了，他才发现，原来房间里这么多好东西。他终于站了起来，东瞧瞧、西看看。他发现，房间的桌子上放了一个罩子，他心想，罩子下面不是美味的蛋糕就是诱人的饮料，于是，他掀起了罩子，结果，他看到的却是一堆轻轻的羽毛，因为他掀罩子的力气太大，这些羽毛已经开始飞起来了，杰克意识到自己可能错了，但羽毛已经飞得满屋子都是了。

接下来被考验的是亨利，在他所在的房间里，放了很多他喜欢吃的葡萄，他忍了好久，终于偷吃了一个，葡萄刚入口，他就后悔了，但他又马上安慰自己，没事的，反正这么多，吃一颗不会被人发现的。吃完以后，他发现，葡萄真好吃，再吃一颗吧，于是他又拿起了一个。其实，老绅士在这盘葡萄里做了“手脚”，他悄悄放了一个辣椒，亨利不小心吃到了，他的喉咙像着了火一样。结果，他也被老绅士打发走了。

最后出来的是哈利，他是个守规矩的孩子，他一直在房间里坐着，周围好吃的、好玩的东西太多了，但他一直没动。半小时后，他被许可为老绅士服务。就这样，哈利一直服侍老绅士，直到他离开人世。老绅士临死之前，将所有的财产都送给了哈利。

生活中的我们就像是故事中杰克和亨利一样，总会因为一些利益诱惑而失去正确的判断能力。其实，这些小利益对于我们来说，之所以能那样吸引人，在于它本身就是带刺的玫瑰，表面上看着美丽，实际上却是不折不扣的陷阱。在通往成功的路上，我们会遭遇不同的利益诱惑，只要我们能够忍耐欲望的吞噬，按捺住内心的悸动，那最后的胜利就是属于我们的。

那么，我们该如何做到以平静、客观的心境来判断事物呢？

1.要有务实精神

务实其实就是脚踏实地，不浮躁，只有打好基础知识，你才能开拓，否则，一切都是花架子。

2.遇事善于思考

伟人之所以成为伟人，是因为有伟大的思维，让思维决定行动，正像爱因斯坦的某些学说在当时被喻为“疯子式的假设和推论”，但后人最终证实他的理论并非错误、他的猜测并非虚幻；当布鲁诺用生命捍卫哥白尼“日心说”理论的时候，所有的人都认为他只是另一个“疯子”，而今天的我们确实认同了太阳系的概念……然而，这些伟大的思想，无一不是在磨难和折磨中形成的。

总之，考虑问题应从现实出发，而不能空凭一腔热血，学会站在全局的角度看问题，你才能看得远，寻找出最好的解决方法。

淡定自得，别被一事一物纠缠

人们常说，生命的意义不在于其长度，而在于其宽度和高度，这句话是对生命意义的高度抽象化的概括。我们一直在苦苦地思索着怎样才能使生命有意义，这其实也很简单，那就是树立一种积极、达观的生活态度。不同的人有不同的人生态度，而那些达观的人往往都能放下那些束缚自己手脚的事物，保持自然洒脱的生命状态。“我还年轻，我渴望上路，带着最初的激情，追寻着最初的梦想，感受着最初的体验，我们上路吧！”这是凯鲁亚克的诗，更应该成为我们一生追逐的梦想——潇洒走一回。

有人会认为这种人生态度和庄子逍遥的人生态度很相像，的确，二者在本质上有很多的相似之处，比如，都向往自由的生活，都追求豁达的处世态度，但在实际运行中，则有很大的差异。庄周梦蝶，醒来后不知道是自己变成了蝴蝶还是蝴蝶变成了自己，那是一种对人生的洒脱，人生如梦，须臾即逝，不必整日忙着追逐功名利禄，那些都是带不走的虚无缥缈的东西，自由自在、无忧无虑地生活才是最大的快乐。潇洒的人生态度则是让我们尽情地享受生活的乐趣，不管你是贫穷还是富有，聪明还是愚笨，只要你有一颗积极乐观的心，你的人生就会充满乐趣，就会五彩缤纷。逍遥的人生观和在路上的人生哲学各有千秋。逍遥者，旷达也，一个小故事足以说明一切：庄子快要死了，弟子们打算用很多东西作为陪葬。庄子说：“吾以天地为棺椁，以日月为连璧，星辰为珠玑，万物为赍送，吾葬具岂不备邪？”这是一种多么旷达的人生态度。

的确，人生本来就如同一次旅行，区别在于你的行程有多远。有的人一生都在行走，路线也不断变化；而大多数的人则选择有一个安定的家，人生绝大多数的行程也局限在一个以家为圆心的小小的圈子之内。这两种路途并没有什么好坏之分，就像是看书一样，不同的人对同一本书的理解是不尽相同的，每一个人都会因为自身的人生经历读出不同的韵味来，正如“一千个读者眼中有一千个哈姆雷特”。生活态度是基于人本身对自己的理解而形成的，每一个人都是不同的，就像卢梭说的那样："我独一无二，我知己知人，我天生与众不同；我敢说我不像世界上的任何人。如果我不比别人好，那么我至少跟别人两样。大自然铸造了我，然后就把模型打碎了。"这是一份自信，也是一种积极的人生态度。

当然，无论我们选择哪条路，我们都必须洒脱地面对生活、面对生命。只要潇洒一点，你的心就不会老去，心中永远有用不尽的激情，眼睛里时时刻刻都是新鲜的风景，这样的生活不禁会让我们萌生无限的遐想和向往。让我们在清晨的阳光下上路，追随着潇洒者的足迹，一起感悟那些在路上折射出来的不尽的哲思之美。

重新站在起跑线，依然可以赢

很多喜欢打牌的人都知道，不管这局牌的运气多么好、有多少王牌，都不意味着自己在重新洗牌的下一局依然拥有好运气。反过来也是如此，不管这局牌的运气多么差，也都不意味着自己在重新洗牌的下一局依然是厄运，依然抓不到好牌。在重新洗牌之后，一切都改变了，就像百米冲刺的选手在夺得冠军之后再次站在起跑线上，他和其他的选手一样都面临着未知的结局，也同样需要不遗余力地奔跑，才有希望赢得比赛。

人生，就像是打牌，也像是起跑。在漫长的人生过程中，我们很多次都需要重新站在起跑线上，才能再次为自己赢得机会和成功。不过，我们的每一次起跑，无疑已经比前一次起跑有了更高的起点，这是因为，不管前一次努力的结果是成功还是失败，我们都获得了宝贵的经验，从而令自己得以提升。只要坚持努力，我们总会进步一点点，和昨天相比，今天进步了一点点，和今天相比，明天也会进步一点点。尽管这听起来无法让人感受到震撼，也没有感天动地，但是只要每天坚持进步一点点，最终会积少成多，赢得更大的进步。从这个角度来说，每一次洗牌都意味着更大的进步，也会使人们获得更多的机会和成功的可能性。因而我们不应该害怕洗牌，哪怕是一无所有，也能让我们有破釜沉舟的信心和勇气，坚定不移地朝前奔去。

朋友们，没有任何成功是一蹴而就的，不管是对于生活还是对于工作来说，都是如此。要想取得进步，我们就要摆正心态，坚持每天都进步一点点，只要坚持下去，就能积少成多，让我们产生质的飞越。这就像是99度的水和100度的水之间存在质的区别一样，哪怕只缺少一点点努力，也会功亏一篑。因此，我们必须坚持不懈地在追求成功的路上始终保持顽强的毅力，如此才能创造更加辉煌圆满的人生。即使遭遇失败，我们也应该锲而不舍地为自己寻找新的起点，继续在成功路上不断进取！

过去已经过去，未来还未到来

人生是一条弯曲的线，由无数个点连接而成。这无数个点就是人生每个阶段的喜怒哀乐、酸甜苦辣，唯有过好人生的每一天，我们才能最终拥有完满的人生。反之，倘若我们错过了其中的很多点，人生的连贯性就会被打破。这就要求我们必须坦然面对人生，所谓人生百味，不管是人生的甜蜜还是苦涩，也不管是人生的愁苦还是幸福，我们都要统统包容和接纳。

从这个意义上来说，人生的马拉松不是跑出来的，而是走出来的。很多人都在因为逝去的时光感到愁苦，也有很多人为未知的以后感到担忧，殊不知，过去的已经成为不可改变的历史，未来的人生则充满着未知。在这种情况下，与其为了已经发生的事情和尚未发生的事情担忧，不如过好当下的每一天，因为人生就是活在当下，人生就要活好今天。

过去的失败并不能代表什么，人生就像奔腾不息的河流，也许此刻这个地方的水变得浑浊，但是它很快就会奔腾向前，水中的污泥和杂质也同样被带走。人生也是如此，一时的失败终究会成为过去，只要我们能够从失败中汲取经验和教训，下一个今天一定会有惊喜的收获。同样的道理，今天的辉煌也不能代表永远的辉煌。即便我们今日取得了令人骄傲的成就，它也同样会成为历史，不能成为供我们享用一生的资本。在又一个今天到来时，我们依然需要非常努力，才能不断超越自己，取得进步。

人，应该往前看。任何的成就都只能说明我们当时当刻的实力和表现，并不能说明我们未来的人生一定会怎样。所谓人外有人，天外有天，尤其是职场人士，即便取得了一些成就，也不要妄自尊大。所谓高处不胜寒，当我们身居高位，或者有了显赫的成就时，就更应该谨言慎行，更加激励自己不断努力和进取，如此才能尽力保全荣耀。朋友们，把每一分过去的耻辱，把每一分现在的荣耀，都当成是激励自己进步的筹码吧，唯有如此，我们的人生才能不断向前！

只有自信前行，才能看到更美的风景

要想获得成功，人们必须具备很多方面的能力，其中自信就是成功的基石，也是一切成功必不可少的条件。你可曾看过一个胆小怯懦、自卑畏缩的人获得成功？只怕机会摆在这样的人面前，他们也很难抓住。只有自信的人，才能做到勇敢果断地抓住机会，改变自己的人生。

站在自信的人生基石上，我们会变得底气十足，也会更加具有向上的动力。正如起义军的首领陈胜所说的，“王侯将相，宁有种乎？”大多数出身卑微的人也许会因为起点太低，导致人生路上觉得自己处处不如别人，尤其是在那些自以为是的富二代、官二代面前，他们更觉得低人一等。其实，这是完全没有必要的。只要我们足够努力，起点的高低并不能决定我们的人生成就。陈胜之所以能成功带领大家揭竿起义，并非偶然，他早在当雇农的时候，就说过“燕雀安知鸿鹄之志哉”，由此可以看出他对人生的野心勃勃。

人们常说，天生我材必有用。的确，每个人来到这个世界上，也许很多方面都远远落后于人，但是一定有着自己的可取之处。我们唯有发现自身的优点和长处，不再妄自菲薄，才能够信心十足地掀开人生的篇章。

作为著名的成功大师，卡耐基一直非常重视信心对人的影响。他曾说过，他最想要留给子女的财产就是自信和勇气，而不是所谓的金钱。朋友们，从现在开始就让我们相信自己，并且为了自信付出加倍的努力吧！自信不但是我们成功的奠基石，也是促使我们展开切实行动的力量。只有行走在路上，我们才能发现前路更加美好震撼的风景。

第 06 章

你不是放不下，只是不甘心

不必为舍弃什么而烦恼，不需要的东西自然会离开你

“人生苦短，我们要珍惜当下，努力做出点成就来，为此，我们就必须要懂得舍弃。而至于该留下什么、舍弃什么，我们不必为之烦恼，因为在你努力向前的时候，那些不适合你的、你不需要的东西自然会离开你。”

这句话是要告诉我们，人生的精力是有限的，我们只有懂得舍弃，做最适合自己的事，才能身轻如燕地前行。其实，我们在生活中，经常会面临很多选择，而有选择，自然就会有放弃。因为鱼与熊掌不可兼得。那么，哪个会被你忍痛割爱？人生旅途中，经常会遇到岔路口，我们又该何去何从？

的确，很多时候，我们遇到的选项都是非常具有

诱惑力的，而我们却又不能同时拥有。在选择时，我们往往会斤斤计较，患得患失，优柔寡断。由于在矛盾中停留太久，什么都想得到，最终却什么都没得到。因此，我们不妨顺其自然，那些不适合我们的事物自然会离去。

生活的辩证法就是如此。我们知道，有得就有失，有失也有得，得与失是矛盾的统一体。在鱼和熊掌不可兼得时，你必须要有所取舍。取就必须舍，舍了才能取。例如，要成功就必须放弃享乐；选择家庭的同时就得放弃单身生活的很多自由空间；选择内心平静的同时就得放弃对权力和金钱的角逐。没有哪个选择会尽善尽美，我们不必为此烦恼。

人的一生中，总要面对各种选择。很多时候，我们还必须对遇到的多种可能作出单项选择。例如，未婚时遇到了两个以上令自己心动的异性；有了幸福家庭后却又发现了让自己更为心仪的目标；毕业生选择就业时遇到两份同样待遇丰厚、前景良好的工作；购物时，琳琅满目的商品哪样都令人爱不释手等。当遇到多个选项、鱼和熊掌又不可兼得的时候，你有能力和魄力作出明智正确的抉择吗?

选择是一门看似简单却十分有讲究的艺术。人的一生，就是一个不断进行选择的过程。选择的正误和效率，是一个人价值取向、思想水平、道德意识和判断能力的综合反映。

一些看似无谓的选择其实是奠定我们一生重大抉择的基础，古人云：“不积跬步，无以至千里；不积小流，无以成江海。”无论多么远大的理想、伟大的事业，都必须从小处做起、从平凡处做起，所以，对于看似琐碎的选择，也要慎重对待，考虑选择的结果是否有益于自己树立的远大目标。

有选择就必须有放弃，而放弃，对每一个人来说，都是一个痛苦的过程，因为放弃意味着永远不再拥有，但是，不懂得舍弃最终你将一无所有，这是生命的无奈之处。如果你不放弃眼前的热烈，就无法享受花前月下的温馨……生活给予我们每个人的都是一座丰富的宝库，但你必须学会放弃，选择适合你自己拥有的，否则，生命将难以承受！

生活中，每个人都有着不同的发展道路，面临着人生无数次的抉择。当机会接踵而来时，只有那些树立远大人生目标的人，才能作出正确的取舍，把握自己的命运。树立了远大目标，面对人生的重大选择就有了明确的衡量准绳。孟子曰，舍生取义，这是他的选择标准，也是他人生的追求目标。

有时候，我们选择的似乎只是处理问题的方式方法，但实际上也是在对自己的人品、人格作出选择。选择必须考虑到社会效益，不能因一时之快或蝇头小利而失去做人的道德、良心和他人的信任。

总之，人生的大多数时候，无论我们怎样审慎地选择，终归都不会尽善尽美，总会留有缺憾。但缺憾本身也是一种美。我们不妨想想，就连权倾天下的统治者都无法拥有天下所有的最美，何况是常人？既然作了选择，那就不要再后悔。只要是最适合自己的，就是明智、理性和智慧的选择。

社会大舞台上，每个人都是自己生活和生存方式的编导兼演员，只有学会正确地进行选择，有所为，有所不为，才能演绎出精彩的人生喜剧。

悬崖深谷处，撒手得重生

在生活中，总是有着这样那样的诱惑，它们引诱着你，撕破你心中最后一道防线，让你痴迷其中，不可自拔。有人为功名利禄穷其一生，有人为荣华富贵而抛弃了良心，有人为追求个人幸福变得自私恶毒，那些致命的诱惑就像是一杯毒酒，小口小口地啜饮，深入骨髓，让人在痛苦中逐渐丢失了自己。那就如同一条错误的道路，越滑越远，直至悬崖深谷处。这时候依然有人不知悔悟，始终怀抱着自己手中的权力、金钱、物质、名誉等。实际上，这时候如果撒手，完全可以重生，可以让我们避免失去更多的东西。

但是，在现实生活中，许多人贪恋着金钱带来的虚荣、权力带来的刺激，他们沉浸在欢淫中，踏上了一条不归路。于是，有人为此出卖了良心，有人丢掉了自尊，有人甚至付出了生命的代价。这样的一群人，即便是到了悬崖边，他们也舍不得撒手将手里的东西丢弃，最终他们所收获的将是最痛苦的人生。

据说，在草原上，有一种动物叫作秃鹫，它是一种大鸟，驰骋于蓝天与白云之间，肆意展现着自己的勇猛和威武。然而，纵然它是翱翔于天际的猛禽，也依然难以避免被人类轻松捕获、成为人类手中玩物的命运。那么，人们是如何捕捉秃鹫的呢？其实也很简单——将灌满沙子的动物肠子丢在野外，等着秃鹫来叼。一旦秃鹫叼起肠子，人们便在后面追赶它。犹如沙袋的肠子的重量使得秃鹫无法飞上蓝天，而它又不愿放弃已经到嘴的食物，因此只能拖着肠子在草地上跑，这样，人们就很容易地捉住了秃鹫。也许，你会觉得好笑，秃鹫完全可以弃食而逃，为何偏偏陷入了人类的陷阱呢？但是，你发现没有，有时候，我们也成了那只秃鹫，坚持不放弃手中的东西，最终跌落悬崖，坠入深谷。

假如所负重的东西已经超越了承受范围，那不妨撒手吧，这样还可以给自己一个重新开始的机会。不管是欲望还是其他的东西，我们都要学会舍弃一些应该舍弃的东西，该撒手时就撒手，这样我们的人生才有另一种可能。

不再逃避，坦然接受无法改变的现实

人生道路上，总是会出现我们无法预料的因素，我们渴望成功，但结果并不一定如我们所想象，因此，我们面对不能避免、不可改变的事实——失败时，最好的态度就是认定事实，作出积极乐观的反应。

然而，在面对困难和失利时，我们总是听到一些人不停地抱怨、不断地自责。这样一来，他们将自己的心境弄得越来越糟。这种对已经发生的无可弥补的事情不断抱怨和后悔的人，注定会活在迷离混沌的状态中，看不见前面一片明朗的人生。

事实上，我们的生命正因为挫折而精彩。因此，在挫折面前，我们必须要具备一定的承受能力，在既定事实面前，与其终日惴惴不安，还不如坦然接受。当然，这需要我们历练出一份坦荡的心境，只有这样，我们才能以豁达的胸怀来应对生活中的每一份酸甜苦辣，让原本平淡乏味的生活焕发出迷人的色彩。

莎士比亚说过："聪明的人永远不会坐在那里为自己的损失而哀叹。他们会用情感去寻找办法来弥补自己的损失。"美国著名文学家华盛顿·欧文曾有过这样一句名言："人世间的任何境遇都有其优点和乐趣，只要我们愿意接受现实。"这句话也是告诉我们，无论发生了什么，我们首先要做的就是学会接受它，然后学会适应它，只有这样，我们才能以崭新的面貌走出困境。

有句话说得好，"不经一番寒彻骨，怎得梅花扑鼻香"，只有不断经历摔倒的苦痛，才能脱胎换骨。挫折，一个谁也不想遇到，但谁也无法避免的东西。所有的人都畏惧它的存在，这是因为人们并没有真正理解挫折的本质。挫折本身是无罪的，可是人们十分讨厌它。其实，正是因为挫折，才使我们的生活变得更加精彩，才使我们获得成功。挫折能将生活、家庭乃至世界变得更加精彩。如果你未经历一次挫折就直接获得了成功，那么，你就不会去努力创新，等待你的将是两个极端——光辉的一生或一辈子的失败。而如果经过挫折才获得成功，那么，你将会拥有最高的荣耀，你不会因为没有创新而被淘汰，也不会因失败而黯然一辈子。

有位哲人说过："假如上帝在你面前撂下了一座山，那么你绝不要在山脚下哭泣！翻过它就是了！"多么富有哲理的话呀！我们确实要用希望的力量来武装自己，勇敢地去翻越挡在自己面前的那一座座生活的高峰。所以，在生活中，无论遇到多么难办的事，我们都要保持积极乐观的心态，相信一切问题都会解决。

总之，心态不仅体现一个人的智慧，更决定一个人的生活、命运和价值的取向，心态是我们成功的关键，生活中每一个成功者无不是心态的主人。良好的心态对于我们的成功具有决定性的作用，不管我们做什么，首先我们应该学会保持良好的心态。而一个人，只有学会承受失败，才能节省下精力去为成功创造条件。没有人能有足够的情感和精力，既抗拒不可避免的事实，又创造一个新生活，你我只能在其中选一个。

过去留下的伤疤，就让它慢慢愈合吧

人生苦短，有喜就有悲，正如天气有晴有阴一样，阳光不会一直照耀着我们；正如旅途一样，生命之旅也不会一帆风顺，总会有羁绊出现。那些羁绊、那些不如意，难免会使我们的心头产生重负，但如果我们在行走人生的路上，一直放不下，那么，我们的世界将充满灰暗，我们也会感到身心俱疲。事实上，无论过去发生了什么，我们都要宽待自己，都要做到不念过去，朝前看，只有这样，我们的旅途才会充满阳光。

的确，一个人的生活快乐与否，完全决定于个人对人、事、物的看法如何。因为，生活是由思想造成的。如果我们能积极向前，想的都是欢乐的念头，我们就能欢乐；如果我们想的都是悲伤的事情，我们就会悲伤。

人生在世，快乐地活着是一生，忧郁地过也是一生，是选择快乐还是忧郁？这完全取决于个人的心态。正确的做法就是不断地培养自己乐观的心态，远离悲观，它既是一种生活艺术，又是一种养生之道。

其实，我们每个人都有过去，甚至大多数时候，这些过去是悲伤的，只不过有的人愈合得天衣无缝，有的人留下累累疤痕，有的人在小小的刺激下就面目全非……我们可以受伤，我们可以流血，但我们要在最短的时间内医治好自己的伤口，尽可能整旧如新，没有幸福，谁也别想留住健康。

尘世之间，变数太多。事情一旦发生，就绝非一个人的心境所能改变。伤神无济于事，郁闷无济于事，一门心思朝着目标走，才是最好的选择。相反，如果跌倒了就不敢爬起来、就不敢继续向前走，或者就决定放弃，那么你将永远止步不前。

命运是个让人琢磨不定的怪物，它的性格喜怒无常。它会出人意料地给人带来惊喜，同样也会毫无来由地给人送来可怕的灾难。但无论我们遇到了什么，我们都要记住，一切都将成为过去，我们不必把那些过往都积压在心头，否则，它们就会占据我们的心灵，让我们失去欢乐，永远生活在它的阴影里。

总之，快乐的人懂得善待自己，他们总会给自己创造快乐；悲伤的人则总让自己变得悲伤。记住，不是生活让你怎么样，而是你使得生活怎么样。我们每个人都有自己快乐，只是需要你去找到它。

淡忘过去，让自己重新开始

在生活中，每个人都难免遭遇意外。这些意外，有的是惊喜，有的是惊吓，也有的是永远也无法抹去的伤痛。惊喜或者惊吓，都还能接受，而伤痛却是人生永远的疤痕。不管什么时候，揭开这疤痕，都是赤裸裸的痛楚。然而，生命就像是滴滴答答的时钟，永远也不愿意停歇。不管我们遭遇了什么，也不管我们是否愿意掀开人生的新篇章，它就这样带着我们一路向前，奔向新生。所以人们说，时间是治愈伤痛的良药，也只有时间才能治愈生命无法承受的痛苦。

不管我们是欢喜，还是悲伤，我们都无法逆转地一路奔跑向前。时间总要流逝，不管你是珍惜它还是浪费它，都不能改变它生命的脚步。时间也总会带走我们生命中的很多东西，不管你是想记住它还是想忘记它。然而，等待时间去治疗伤痛，未免有些太过于被动了。在人生之中的很多时候，我们应该学会自己为自己疗伤、治愈痛苦。唯有如此，我们才能尽快从痛苦中挣脱出来，开始新的生活。既然不管我们是否愿意，生活都只有向前，那么我们何不主动向前呢?

张奶奶今年62岁了，她和老伴的感情非常好，退休后还计划一起环游世界呢！然而，世事无常，他们还没有商量好第一站去哪儿，她的老伴竟突发脑溢血，仓促离世了。这个打击让张奶奶非常痛苦，她恨不得追随老伴一起去了。但是，她的两个孩子全都请了长假，寸步不离地陪伴在她的身边，让她又不忍伤孩子们的心。过了没多久，张奶奶就去儿子家帮忙带孩子了。她的小孙子今年两岁了，正是调皮的时候。每天带着孙子忙忙碌碌，张奶奶终于暂时放下了老伴离世的悲痛。一年之后，孙子去幼儿园上学了，张奶奶又陷入了寂寞和空虚之中。每当白天家里只剩下她一个人的时候，她总是偷偷地掉眼泪。儿子下班之后看着张奶奶红肿的眼睛，不由得担心起来。果然，没过多久，张奶奶得了严重的抑郁症，甚至产生了自杀的倾向。为了照顾妈妈，女儿把张奶奶接回自己家里，甚至辞掉了工作，专心陪伴妈妈。看着女儿忙前忙后，处处想办法逗自己开心，甚至把好好的工作也丢了，张奶奶更加郁闷了。为了不给子女添负担，张奶奶决定报名参加旅游团，去国外走一走、看一看，完成老伴在世时的心愿。虽然女儿要求陪她，但是张奶奶坚决拒绝了。

张奶奶从未走过这么远，她一路飞机，跟随旅行团来到了欧洲。他们的旅行团是专门针对老年人的，所以行程安排很缓慢。每天，老人们在一起聊天，都很开心。张奶奶还认识了好几个和她一样丧偶不久的老人，他们彼此开导，都决定要快快乐乐地活着。一个多月之后，张奶奶长途旅行回家了。看到张奶奶的精神状态明显好多了，女儿和儿子心里都松了口气。张奶奶既没有去儿子家住，也没有去女儿家住，而是回到了自己家里。她对孩子们说："放心吧，我以后不会再天天愁眉苦脸了。无论如何，我要好好活着，看着你们健康快乐。这样，你爸爸的在天之灵才能放心！"从此之后，张奶奶一改往日消沉抑郁的模样，每天都乐呵呵地买菜做饭，还报名参加了老年大学。

突然失去了老伴，张奶奶的心里一定非常伤心。然而，生老病死是人之常情，是谁都无法逃过的劫难。死去的人已经死去，活着的人则必须承担痛苦、承受思念。如果张奶奶继续郁郁寡欢，就会让孩子们的生活也受到影响。无论如何，活着的人都要好好活着。想明白这个道理，张奶奶就不再沉浸在老伴去世的痛苦之中了。

鲁迅先生笔下的祥林嫂，始终沉浸在失去孩子的痛苦之中，见人就说。刚开始的时候，大家还很同情她，日久天长，人们都躲着她走。她呢，也因为始终在丧子之痛中无法自拔，所以一直非常消沉。作为现代社会的一员，每个人都应该更加明白事理。很多事情并非人力所能决定的，与其揪着不放过自己，不如学会淡忘，让自己尽快从痛苦中挣脱出来。

优秀，让你更自由

在这个世界上，人人都争取自由，但是没有人能享有完全的自由。从某种意义上来说，一个人不管职位高低或者拥有多少金钱，他都生活在各种限制之中。每个人在做人做事的时候都有很多顾忌，要照顾到方方面面的人和事，无法肆意妄为。因此我们说，这个世界上没有纯粹的自由。所谓的自由，都是相对的。这就像是每个人头顶的一片天，有些人因为曾经努力过，享有更多的金钱和权势，所以享有更大的自由。相反，有些人不曾努力，更不曾为人生拼搏，处处都不见起色，生活在社会的底层，那么相应地他只能享有极小的自由。很多时候，限制我们自由的不仅是作为身外之物的金钱权势，也有可能是我们的内心和思想。既然内心的限制如此之多，那么，我们的当务之急就是打破自己内心的限制，让自己拥有更加宽阔的心灵舞台。

在外界的干扰中，有一个很大的干扰就是他人的议论。如今，随着信息大爆炸时代的到来，几乎所有的事情都会在转眼之间尽人皆知。中国人历来把面子看得比生命更加重要，当听到别人的风言风语时，我们的第一反应往往不是维护自己，而是检讨甚至改变自己。殊不知，别人虽然有着自由评论的权利，却并不知道你所面对的真实情况。因此，但丁曾经说过，走自己的路，让别人说去吧。如果我们也能拥有这种从容与洒脱，生活就会变得更加容易一些。对于外界的限制，我们可以以自己的标准去衡量。常言道，规矩是死的，人是活的。很多规矩的定立都是以当时当事的情况为出发点，随着发展和变革，也许并不适合现代社会。对于规矩，我们应该采取批判的眼光看待，对的，我们就认真遵守；错的，我们就勇敢打破禁锢，解放自我，追求心灵的放飞。曾经还有位名人说过，人最大的敌人是自己。我们唯有战胜自己的内心，获得心灵的彻底解放，才能突破生命的禁锢，自由地飞翔。

自古以来，很多伟大的哲学家、思想家、科学家之所以能够有所成就，就是因为他们突破了物质的禁锢，专注于自己的精神世界，所以才能全然忘我、有所作为。当我们因为生活中琐事的小事烦恼不已时，伟大的人更多的是为全人类而忧思。从普通人的角度来说，虽然我们未必能有伟大的成就，但是，突破物质的禁锢，能帮助我们获得心灵的宁静、享受岁月的静好。

第 07 章

哪怕再累，也要记得时常拥抱黑暗中哭泣的自己

每一种创伤，都是一种成熟

自古至今，大凡成功者，无不具备一项品质，那就是拥有不被打倒的意志力。他们总是满怀希望，因此，即使跌倒了，他们还是会爬起来，跌倒一百次，他们会爬起来一百次，终有一天，他们取得了胜利的果实。的确，每一种创伤，都是一种成熟，无论是成长还是成功，都离不开失败的历练，跌倒了并不可怕，关键在于如何从失败中奋起，反败为胜。只要你坚持下去，不可能也会变为可能。

对于挫折，一般来说，人们会有以下两种态度——要么是破罐子破摔，要么是从挫折中吸取教训并努力改正。很明显，第二种态度更有利于我们的成长。工作、生活中，我们难免会发生失误，面对问题，我们要的不是推卸责任、逃避或者一蹶不振等，而是应该保持清醒的头脑，找到问题的所在，吸取教训，主动承担，尽量做到不再犯同样的错误。

因此，要保持理智与清醒，正确看待问题，正确分析产生问题的原因，尤其是要主动地、积极地检讨反省自己的过失，进而改正错误，使自己的工作重新回到正确的轨道上来。

事实上，无论是成就还是失误，都已成为过去。对已经发生的事情，要保持理智与清醒，成绩面前不盲目自大，事故面前不怨天尤人，始终保持良好的心态做好正在做的事。

有人说，成功的首要关键，在于你一定得认识和了解自己，而这件事只有你自己才能完成，也是一个非得靠你才能解答的问题。谁能左右你的命运？谁能永久激励你？谁能保证你获得成功？答案是你自己，别人只能帮你推波助澜而已！所以，要获得成功，首先要研究、了解自己。自己才是自己的最佳导师。保持理智与清醒，才能做到成绩面前不骄躁、挫折面前不气馁。

勇敢的心，让你坦然面对挫折

人生不如意十之八九，每个人在人生之中都难以避免地要遇到坎坷和挫折。正如温室里的花朵经不起任何风吹雨打一样，始终在顺境中成长的人也很难承受挫折，哪怕是小小的挫折，都会使他们感到悲观绝望、沮丧失落。因此，现代社会，很多父母都有意识地培养孩子们抗挫折的能力，因为父母已经敏锐地感觉到，倘若孩子缺乏抗挫折的能力，未来就很难在社会上立足。这样的观点当然是正确的，因为，在现实生活中，那些步入社会的人，很容易因为缺乏抗挫折能力而自暴自弃、自哀自怨，最终他们的人生就这样在小小的挫折中凋零了。

相比之下，顶风傲雪的寒梅越是在恶劣的气候里越是能够绽放，更别说小小的风霜雨雪了。归根结底，是因为寒梅已经习惯了逆境，也承受过极端恶劣的气候，所以才能坦然自若。人也是同样的道理，假如我们的内心足够强大，我们就不会因为小小的挫折而放弃人生，即便遭遇严重的打击和磨难，我们也能从容以对。这就是强大的内心给予我们的力量，也是勇敢者的表现。

作为著名的体操运动员，正值花季的桑兰无疑有着繁花似锦的前途。然而，这一切都在1998年7月21日的那场赛前训练中戛然而止。因为一个转体动作没有完成，桑兰头部着地，颈椎严重受伤，导致高位截瘫，桑兰的人生从此不同了。尽管当时的美国医护人员马上就对桑兰进行了及时的救治，但是依然不能帮助桑兰恢复健康。得知桑兰受伤的消息后，祖国人民也对其给予了热切关注。这样惨重的苦难，在任何人想来，都必然让青春的少女难以承受。然而自从苏醒之后，桑兰就从未流泪，而是以微笑的模样出现在公众面前。这个十七岁的小姑娘，以她顽强不屈的微笑征服了全世界。

在美国接受十个月的治疗、病情基本稳定后，桑兰回到祖国继续接受康复训练。对于她而言，最艰难的还不是训练的痛苦和磨难，而是她必须改变心态、转换角色。重新回到祖国母亲怀抱的她，已经不再是跳马王，而是一个高位截瘫的残疾人。她还那么年轻，生命依然充满了无限的可能性，为此她进入清华附中进行学习，而且积极投身于公益事业……如今的桑兰已经拥有幸福的三口之家，像所有的母亲一样深爱着自己的孩子。生命于她，必然是一次又一次挑战！

毫无疑问，对于任何年轻的女孩而言，从身姿矫健灵巧的运动员，到不得不依靠轮椅生活的高位截瘫病人，这简直是灭顶之灾。然而桑兰很清楚，假如她就此沉沦绝望下去，也许人生就真的会陷入黑暗的深渊。为此，从她摔伤之后恢复清醒的那一刻，她就以勇敢的心面对现状，接受现实，以微笑迎接生命的未来。正因为如此，她才能从不能自理，到可以自理，再到努力学习和提升自己，再到克服重重困难成为母亲，如今，她已然成为生命的强者，傲然屹立于命运之巅。

人生在世，几乎每个人都想成为生命中的强者，这就要求我们必须拥有一颗勇敢的心。只有以勇敢的心作为支撑，我们才能更加坚定执着，才能排除万难，最终赢得生命的馈赠和礼遇。记住，我们如今艰难走过的岁月，在时间的沉淀下必然变成我们生命厚重的基础，帮助我们赢得更加充盈丰实的人生。

每一次跌倒，都是一次蜕变

每个人从呱呱坠地开始，就像是一张白纸，没有任何痕迹。随着成长过程的不断推进，这张白纸渐渐涂抹上五颜六色的色彩，也变得更加绚烂。人生就是要不断地成长，在成长的过程中，我们有过欢笑和快乐，也必然伴随着痛苦和哭泣。有的时候，我们急于奔跑，因而摔倒在地，或者磕破了膝盖，或者摔破了脑袋，我们也因此伤痕累累，然而，在伤痛愈合之后，我们会越来越成熟，也能够更加坦然地面对人生的风风雨雨。

没有人的一生会是一帆风顺的，任何人生都必要经历痛苦和挫折，才能更加通达。面对这些磨难，最重要的是始终坚强；如果因为痛苦而失去自我，退缩不前，人生也就会因此停滞。就像大自然中的很多动物必须经历蜕皮才能不断成长一样，人每次受伤也像是一次蜕变，伤痛虽然使我们痛苦，却也使我们变得坚强。只要怀着一颗勇于进取的心，我们的人生就会在伤痛中逐渐成熟，愈发坚强。

作为一名残疾人，威尔玛·鲁道夫于1960年在罗马举行的奥运会上，取得了田径赛事的三枚金牌。她从小体弱多病，曾经因为猩红热和肺炎引发了高烧，导致小儿麻痹，左腿严重萎缩。为了能够勉强恢复行走的能力，她每天都要穿着铁架鞋进行矫正。直到11岁那年，她才脱掉铁架鞋，与哥哥们一起在篮球场上奔跑。不过真正摆脱铁架鞋还是一年以后的事情，从此之后，她表现出非凡的运动天赋。

摆脱了铁架鞋的束缚、尽情奔跑的她，只用了四年的时间就获得资格、成为美国队的代表，参加了1956年在墨尔本举行的奥运会。这是她第一次参加奥运会。在4×100米接力跑比赛中，她表现突出，和队友们一起为美国队赢得了铜牌。后来，她进入大学，一边学习一边解说体育训练，并且在1960年的奥运会上一举夺得三枚金牌。因为她身轻如燕，跑步时姿态优美，因而意大利人赞誉她为“黑羚羊”，形象生动地描述了她奔跑时充满灵性的姿态。

1962年，她从田径比赛中退出，成为一名教练，全身心投入地培养年轻的运动员，为美国体育事业的发展贡献出了自己的一份力量。

面对恶劣的身体状况，威尔玛·鲁道夫在人生路上从未有过片刻的懈怠和松弛。她努力克服因为身体条件导致的局限，最终成功地脱掉束缚她的铁架鞋，成为一个奔跑的田径选手，还为美国夺得了三枚金牌。也许正是人生的痛苦磨砺，才让她更加意识到生命的可贵，并更加珍惜生命中的每一天。

面对失败，选择哭泣的人永远也看不到成功的曙光，只有坦然面对失败、接纳人生的坎坷和挫折，我们才能奋起反抗，最终成功地挑战命运、超越自我，并实现人生的辉煌。终有一天你会发现，那些曾经的伤痛都是人生之中宝贵的经历和经验，只要我们拥有不愿屈服的心，它们终将为我们的人生添砖加瓦，让我们的人生如虎添翼。

不要在失败的阴影中自哀自怜

哲人说："挫折造就生活。"凡是能够成大事者，都必须经得起挫折的历练，经得起失败的打击，因为成功需要风雨的洗礼。一个人要想成功，就应该有意识地培养自己的忍耐力，而不要在失败的阴影中自哀自怜。挫折与失败就好像是一块石头，对于那些内心脆弱的人而言，它是一块绊脚石，那块石头让他们止步不前；而对于内心极具忍耐力的人而言，它就是一块垫脚石，它会让人看得更远、站得更高。一个人若是经不住失败，受不了生活的磨炼，那他只会沉浸在失败带来的痛苦之中，他除了不断地抱怨，别无他法，在他的心中，没有希望，也没有前进的方向。实际上，挫折从来都不是绊脚石，在经受失败和挫折的过程中，我们锻炼了对于挫折的忍耐力，而我们从失败中汲取的经验和教训，将成为我们再次赢得成功的有力保证。一个想成大事的人，应该不畏惧失败和挫折，不沉浸在失败的痛苦中，当他看得开失败时，自然容易成功。

一位少年自认为看破了红尘，放下了一切，历经了千辛万苦找到了隐藏在深山里的寺院，他见到方丈后，说自己想出家，他认为自己只有在这里才能真正地洗去城市的繁华与浮躁。方丈仔细打量着少年，问道："做和尚要独守孤灯，终身不娶，你能做到吗？"少年坚定地回答："能。"方丈又问："做和尚要每日三餐粗茶淡饭，粗衣薄挂夏热冬寒，你能忍受得了吗？"少年回答说："能。"方丈又问："做和尚要无欲无求、无怨无恨，不问恩情、不记仇恨，无论任何时候都要心如明镜不染尘埃，你能做到吗？"少年斩钉截铁地说："能。"然后，方丈问了一些关于佛法的东西，少年都能作出很好的回答。但是，最后，方丈拒绝了少年出家的请求，而是把少年送下了山。临走时，方丈留下了这样一句话："未曾拿起莫谈放下，当你真正拿起时，你再回来告诉我你还能不能放得下。"

真正地看开一切，应该是"无欲无求、无怨无恨，不问恩情、不记仇恨，无论任何时候都要心如明镜不染尘埃"，而这些都需要强大的挫折忍耐能力。没有真正地经历过失败，自然就没有足够的挫折忍耐力，一旦失败降临，少年便冲动地想要逃避整个现实世界，想来在他心中还是有怨气，所以，他的请求遭到了方丈的拒绝。

婴儿呱呱坠地便开始哭泣，也许就是因为他知道自己在未来的人生中要面对很多不如意吧！当你因为人生的诸多不如意而抱怨时，不如想一想，这些不如意恰恰是人生的本来面目，正是你理应接受的。换个角度来想，这个世界是由相对论组成的，没有丑就无所谓美，没有痛苦就无所谓快乐，没有不如意也就无法显现出一帆风顺时的春风得意。从这个角度来说，我们更应该坦然接受人生的不如意，因为它不但是人生的本来面目，也是我们更加品味到人生甘甜的不可缺少的背景。因而，我们必须坦然接受人生的不如意。

很多人都因为不如意而郁郁寡欢，却不知这么做的结果除了更加使自己远离快乐之外，丝毫也不能改变不如意的现状。甚至，也许原本还不那么糟糕的事情，却因为你的悲观绝望，变得更加沉沦。佛教里讲究“无常”，意思就是说，人生的很多事情都在不断的转化之中，坏事有可能变好，好事也有可能变坏。所以古人云，福祸相依。既然不如意的本质是无法改变的，我们与其悲苦地度过每一天，不如乐观地面对，让自己享受积极的人生。这样，那些不如意就会变得不值一提，甚至因为你心态的不同而消失得无影无踪。

年迈的塞翁带着家人一起住在遥远的边塞。因为地广人稀，塞翁养了很多马。有一天，塞翁放马回来，发现有匹马不见了。在当时，丢失一匹马是很严重的损失，因而邻居们全都闻讯赶来安慰塞翁，让他不要因为一匹马过度伤心，乃至损害身体。不想，塞翁却不以为然地说：“丢了一匹马有什么关系，也许反而是好事呢！”听了塞翁的话，大家都以为他伤心过度昏头了，或者就是为了面子故意不以为然，全都在心里暗暗嘲笑这个倔老头。然而，几天之后，那匹丢失的马竟回来了。最让人高兴的是，这匹马还从塞外带来了一匹骏马。得到这个喜讯，邻居们又纷纷赶来恭喜塞翁，说：“您老人家可真有远见啊，居然能预见到这匹马不但自己会回来，还能拐带一匹骏马回来。您的运气真好，真是财旺啊！”不想，在邻居们的祝贺声中，塞翁非但没有表现出高兴的样子，反而愁眉苦脸地说：“平白无故多了一匹马，谁知道是好事还是坏事呢，也许会带来什么祸患呢！”邻居们暗暗想道：你这个老头子，一定是故意装作不高兴的样子，大概是怕别人嫉妒吧！

几天之后，塞翁的独生儿子骑着塞外的骏马出去游玩，不想，这匹马性格刚烈，很难驯服。在到了野外之后，居然猛地站立起来，把塞翁的儿子重重地摔到地上，使其摔断了腿。发生这样的事情可不得了，邻居们都去安慰塞翁，让他不要心急，等着孩子慢慢康复。让他们更加惊讶的是，塞翁面色平静地说：“摔断了腿没关系，至少命保住了。也许，这件事情还能给他带来福气呢！”大家都以为塞翁又在胡说八道，因为他们无论如何也想不出摔断了腿有什么好的，居然还能称得上福气。很快，为了驱赶入侵的匈奴，国家开始征兵，所有符合条件的年轻人都必须上战场。然而，塞翁的儿子因为腿摔断了，无法走路，躲过了征兵。在残酷的战争中，很多年轻人都失去了宝贵的生命，塞翁的儿子却好好地活着。

这个夏天水很大，很多地方都发生了水灾。张婆婆居住的小村庄因为决堤，一下子就被水给淹了。由于张婆婆家的泥屋年久失修，在洪水中很快就倒塌了。当洪水退去，张婆婆回到满眼破败不堪的家时，不由得痛哭失声。这时，住在县城里的女儿闻讯赶来，张婆婆向女儿哭道："好好的房子，说塌就塌了，以后的日子该怎么过啊！"女儿一边安慰妈妈，一边不以为然地说："妈，人活着不就是最好的么！要是当时你在屋子里，后果可不堪设想。而且，你这屋子早就该拆掉重建了。这下正好，听说国家会给一部分补贴，我再和弟弟张罗下，凑点儿钱，给你重新建造砖瓦房，岂不是很好么！"听了女儿的话，张婆婆心情才好一些。

塞翁虽然失去了一匹马，却并不觉得这就一定是灾祸；后来，他又平白无故地得到了一匹马，却也并没有因此而高兴；在独生儿子因为骑马摔断了腿之后，他居然毫不伤心……不得不说，这些反常的表现，都是塞翁的邻居们所不能理解的。其实，塞翁只是看透了这些事情，因而觉得福祸相依，任何事情的发展都是无法预测的，所以无须过于悲伤或者欢喜。果然，塞翁的儿子因为摔断了腿，躲过了征兵，最终保住了性命。对于这些高兴或者悲伤的事情，塞翁全都无一例外地坦然接受，不得不说他是人生的智者。在第二个事例中，张婆婆的泥屋倒塌了，她很伤心，不知道日子如何过下去。而女儿的一番话显然更积极，而且说正好借此机会给妈妈盖新房，从乐观的角度安慰了妈妈忐忑不安的心。

生活中，只有很少的人，不管思考什么问题，都会从积极的角度出发，非常乐观顽强的他们，即使遇到什么灾祸，也能坦然度过。相反，大多数人都是和张婆婆一样的悲观主义者，因而总是悲观绝望，使生活充满沮丧。需要注意的是，人生的态度往往能够决定我们的命运，因而，我们必须采取积极的态度应对人生的很多不如意。把命运握在自己手里，这是我们每个人都应该做到的。

其实，你比自己想象中更坚强

没有人喜欢人生中的坎坷和挫折，尤其是那些看似无法顺利渡过的绝境，更是让人感到无比沮丧。然而，命运偏偏喜欢捉弄人，它从来不会让任何人的人生一帆风顺，总是像一个调皮捣蛋的孩子那样，时不时地给人生加点料。

面对不幸，大多数人都会表现出脆弱的一面，甚至不停地抱怨，喋喋不休，无休无止。这样的抱怨有什么用处呢？答案是，这样的抱怨，除了暂时帮助人们宣泄负面情绪之外毫无好处，长久来看，一个人如果总是抱怨，还会影响自己的心情，导致自己越来越没有信心，也越来越悲观绝望。其实，面对不幸，我们完全可以表现得更坚强。既然不幸已经发生，时光不可能倒流，使一切都改变，那么我们就只能坚强面对。当你真正勇敢地面对人生的重重磨难时，你会发现天塌不下来，就算塌下来也有高个子顶着，砸不到我们身上。那些你曾经以为无法逾越的障碍、无法解决的难题，在你的坦然接受中，反而表现出屈服的样子，不再像想象中那么张牙舞爪、可怕无比。这就是接纳的魔力。

很多时候，人们之所以陷入痛苦之中，并非因为灾难本身带来的伤害，而是源自于自己内心深处对于灾难和不幸的抵触心理。这种抵触心理使人抱怨，也使人脆弱。实际上，人是有很大潜能的，当我们从容迎接命运的挑战时，我们的潜能就会爆发出来，它的力量甚至超乎我们的想象。

在自家的农场里，亨利允许刚刚十四岁的儿子开着轻型卡车转悠。虽然儿子还没到考取驾照的年纪，但是他非常沉迷于驾驭这个铁家伙的感觉，而且驾驶技术的确很娴熟。亨利想，既然农场地方宽敞，也没有外来车辆，为何不让他练练手，也满足他心中跃跃欲试的痒痒虫呢！平时儿子开车时，亨利都会坐在副驾驶的座位上为儿子保驾护航，然而他今天实在是太忙碌了，因而他规定儿子不许开到农场以外的道路上，自己就远远地一边忙着收玉米，一边时不时地看看不远处的儿子。

正当亨利抬起头看儿子时，可怕的一幕发生了。轻型卡车突然发生侧翻，倒进了不太深的水沟里。亨利马上不顾一切地奔向事发地，他看到儿子整个身子都被卡车压在下面，只有头还露在外面。亨利喊来工人帮忙，叮嘱工人拖出儿子，自己则不假思索地跳进水沟，以170公分的身高和70公斤的体重，居然一鼓作气抬起了车子，工人眼疾手快，赶紧把孩子从车底下救出来。此时，孩子已经失去知觉，亨利赶紧开车带着孩子去了最近的医疗服务中心。经过医生的一番检查，确定孩子只是皮外伤，根本无关紧要。直到此时，亨利才觉得不可思议，自己居然抬起了一辆轻型卡车。

当亨利把事情发生时的情况讲给医生听时，医生说："你这是因为发生紧急情况，所以身体突然分泌出肾上腺素，导致力量倍增。如果你不相信，等你回到家里之后可以再次尝试抬起那辆卡车，肯定纹丝不动。"亨利回家之后再次尝试，果然，卡车丝毫都没有动。这时，亨利才相信医生的分析，也意识到自己的确是因为情况紧急而迸发出难以想象的力量。

爱子心切的亨利在看到儿子面临生命危险时，居然猛地一下抬起了轻型卡车，而且是在没有任何人帮忙的情况下。由此可见，人在面对灾难时，身体也会进行自我调节，从而拥有非常出色的表现。因此，朋友们，在面对人生的不幸时，千万不要忙着抱怨，我们只有积极乐观地面对问题，在最短的时间内作出应激反应，找到解决问题的方法，才能充分激发出自身的潜能，进而成功渡过不幸，畅行人生。

心理学家经过研究证实，有很多人在面对人生的不幸时，往往会把结果朝着不好的方向去想，最终导致越来越焦虑，甚至会因此产生畏缩退却的心理。由此可见，人们只要摆正心态，避免小题大做，也不要把小小的不幸无限放大，就能够激发内心的潜能，也增强自己面对不幸的应变能力。

第 08 章

爱自己，每种幸福都会盛开

别为爱迷失，缘分不可强求

人们常说，爱情是世间最美好的东西。爱情应该是世间万物自然孕育而成，它本来是无形的，所以不能刻意地给它总结答案。爱的自然性决定了爱情首先要以宽松为基准，然后它才是快乐的。爱情源于自然，只有自然而生成的爱恋才会更持久。爱情会遁形于我们内心的深处，只有融入到我们心灵深处的爱才是最美丽的事物，所以，爱情来临时，我们不要爱得盲目，也不要爱得愚痴，要爱得轻松，境由心生，越是轻松的爱情才越会带给人快乐。而当爱情不在时，也不要过于执着，任何失去自我的爱情都失去了爱原本的意义，要试着把自己的双手慢慢地放开。此时，我们才会明白，越是自然、越是随意的情感才越会让人心情放松。

他和她是大学同学，大一那年，他们就恋爱了，他很会照顾她，她像一只小鸟儿一样偎依在他的身旁。毕业后，看着周围的同学都劳燕分飞，为了巩固他们的爱情，他们决定马上结婚。这件事一直是同学和朋友们广传的佳话。

毕业后，他们在父母的资助下，办起了自己的工厂，两人小日子过得越来越好，后来，有了孩子后，他便让她专心在家照顾孩子，于是，她做起了全职太太。但她的生活从此变得单调起来，她开始胡思乱想，有时候，只要他一天不回家，她就开始担心他是不是和别的女人在一起；而只要他一回家，她就翻看他的电话记录，他的神经也被她弄得紧张起来。最可气的是，经常当他在开重要的会议时，他的电话会响个不停。长此以往，他觉得她变了，他和她在一起，也累了。于是，他准备离婚。当他向她提出的时候，她什么都没说。而第二天，当他回家的时候，却发现她已经吞食了一大瓶安眠药。

我们不免为故事中的女主人公而感到惋惜。事实上，我们生活的周围，像这样为爱放弃生命的案例并不鲜见，他们把全部的精力投入到了爱情中，以至于迷失了自己。

人们常把爱情是否有美好的结果归结为缘分，的确，缘是一种很难说得清楚的东西，也很难说清楚是怎样的缘份指引我们走过岁月的千山万水。在生命的际遇里相识相知，人的一生该有多少意想不到。在记忆的天空里，像一朵淡淡的云，来时坦然，去时从容，这就是缘份——缘份如水，来去自由。

缘份像一个网，将人的万千情怀，一一网尽。“命中有时终须有，命里无时莫强求”，学会淡然地看待一切，以平静的心态接受生活公平或不公平的待遇，接受生活随心或不随心的安排。没有爱情你还有友情，没有了友情你还有亲情，没有了亲情你还有生命，命运垂青于任何一个经得起考验的人，人间的真情会在你孤立无助的时候绽放光彩。世间的一切情缘在聚散中谱写几多悲欢几多愁，离离合合本是生命中按捺不住的跳动的音符，又何必泪湿衣襟？其实关于缘份我说不出什么，它像快乐和幸福一样，是一个抽象的概念，我们无法去解释，也解释不了。

缘来了，缘散了，留下一些美好也留下一些遗憾，正如生命中的每一个故事，是你的就是你的，不是你的终归不属于你。万事随缘，错过的就让它错过，该来的还要冷静地面对，珍惜你所拥有的。最好顺其自然。如果它微笑着翩翩而至，来到你的身边，它会永远属于你；如果它无意降临，那么就请潇洒地松手，你又何必死抓住不放？过多的在意和企盼充其量只是一种无望的负担。

感情的事不能勉强。花终会谢，人终会老，而感情也会被时间腐蚀。缘分尽了你别回头，没有什么值得你逗留。通过破碎凌乱的记忆回想曾经的山盟海誓、过去的海枯石烂，你的双眼会被曾经划伤，直到泪流满面。当一切不再清晰透明的时候，当美好的过去被厚厚的尘埃凝结的时候，当爱已成往事的时候，请不要苦苦守候，更不要痴痴挽留。用锁把这段记忆锁住，留一段美好的回忆。

生命如潮涨潮落，时光的流水终要带来些什么也带走些什么，带来的欣然接受，带走的不作无谓的挽留。学会在自己的情绪里寻求解脱，只要你愿意，你也可以对天边的流云说一声“再见”，也可以潇洒地把一切恩怨化作岁月的云烟，于前行里轻松地追逐梦想和信念，只要能坦然面对人生的得失，又何必在乎缘分的深浅和长短？

计较得太多就成了一种羁绊，迷失得太久便成了一种负担。不必太在意，拥有时珍惜，失去后不说遗憾；过多的在乎将人生的乐趣减半，看淡了一切也就多了生命的释然。

有缘无分，或有分无缘，都只不过是生命中一段不圆满的缺憾，它不应成为你人生征途上走不出的困惑和茫然。只是世间总有那么多的人执迷不悟，缘来的时候不知如何面对，缘去的时候才开始追悔和抱怨，所以得不到心爱的人便疯狂地报复和记恨，在错过的友情里消融激情和意志，以至于被无穷的愁情烦事所累，失去了活着的乐趣，在痛苦的深渊里无力自拔，日子过得黯淡而苍白。

漫漫的寒夜终会过去，怀揣一份轻松和坦然，生活便会少一些烦恼和忧愁，该珍惜的就珍惜，该放手时就放手，如果将一切都看淡了，那么人世间也就没有什么可以让你耿耿于怀的事了。

原谅对方，成全自己

人的一生中会遇到不顺心的事，会碰到不顺眼的人，婚姻和爱情生活中也是如此，如果你不学会原谅，就会活得痛苦。原谅是一种风度、一种情怀，原谅是一种溶剂、一种相互理解的润滑油。原谅像一把伞，它会帮助你在雨季里行路。有时候，原谅对方，也就成全了自己的幸福。

宽容是一种美德，是对犯错误的人的救赎，也是对自己心灵的升华。不要总是想着对方如何得罪了你，给你造成了多少的损失。想想对方是不是值得你去如此发火。他是故意的还是无心的？平日待你如何？给对方一个机会，就是给自己一个机会。对于一些人，原谅，远远要比惩罚来得有效。也许只是一时的失误，也许只是一闪而过的歪念。人总有犯错误的时候，不要过于苛刻。

爱人之间的难免有碰撞有摩擦有矛盾，或许对方根本就是无意，或许对方有难言之隐，退一步天地宽，不妨试着置之一笑，给别人也给自己一次机会，也许会有意想不到的收获。而对于那些在你看来不能原谅的错误，你要相信，爱人是可以改变的。若要改变别人，须先试着改变自己。不要总是认为江山易改，本性难移。有时候，只要有信心，人是可以改变的。或许是为了友情，或许是为了爱情，又或许是为了亲情。要用发展的眼光看待他人。尤其是对于相爱的人。也许你无法容忍对方的一些毛病，但只要你爱着对方，就应该给他机会去改变。而严格要求对方的同时，也要严格要求自己，对于自己的一些为对方所不能容忍的毛病，一样要加以改正。永远不要严于待人、宽于待己，否则会让对方伤心、失意。

小丽是个长相美丽的女人。前些年，她的丈夫做工程赚了很多钱，便有外遇的苗头。小丽发现了，当时十分激动，说要闹到丈夫单位里去让他名誉扫地，要跟他离婚。她的一个女友问她："你想要什么结果？如果你不想再要这段婚姻的话，那你现在就可以去，如果你们还有感情，还有挽回的余地，那就应该冷静下来，想想应该怎么处理。"

小丽说对丈夫还是有感情的，他们毕竟是患难夫妻，从一无所有到现在的应有尽有。女友继续劝她说："你老公能有今天的成功与光鲜，与你多年来的调教是分不开的，为什么你要把这个胜利果实让给了别人？聪明的女人是不会这么做的。事情走到这个地步你自己有没有好好地反思过？"

后来，小丽找她丈夫的情人深谈了一次，彻底断了两个人的念想。现在他们已经和好如初，甚至比以前还要恩爱。

在丈夫有出轨的苗头时，如果小丽不理智，采取一些过激行为，也许结果只能是一拍两散、各奔东西。的确，一个家庭建立起来不容易，靠的是一砖一瓦、一丝一缕的温暖与感情，而想摧毁它却是轻而易举。培养一个健康的家庭关系，需要经过一段漫长的、心心相印、风风雨雨的过程，这也是每个人一生必修的功课，需要双方不断自我反省和调整，更重要的是两个人有着宽容开放的心，在爱中学习爱。

可能在婚姻和爱情的磨合期中，很多的人都想努力改造对方，让对方变得完美，一旦对方犯了什么错误，就把这段辛辛苦苦经营的爱情打进地狱，这是爱情痛苦的根源。我们要知道，尘世中的哪一种生活也称不上完美，不求完美，我们的心中便会多一份坦然、一份满足，换言之，也就是多了一份幸福。

在感情的世界里，爱人之间最重要的基础，是宽容、尊重、信任和真诚。宽容是善待自己、善待爱情的最好方式，即使对方做错了什么，只要心是真诚的，就应该重动机而轻结果，这样才能唤回幸福的爱。另外，如果彼此相爱，为什么不多一份宽容与忍耐呢？充分理解对方的行事做法，不苛求，不责怨，如此，必然给对方以爱的源泉，爱情才会和美幸福。

的确，无论是爱情还是婚姻，说白了就是两个人如何相处，而最高境界的相处之道莫过于糊涂，俗话说，“难得糊涂”，大度一点，迷糊一点，你会发现，呈现在你眼前的，都是美好。

亲情，是我们人生中最宝贵的财富

随着生活节奏的加快，人情味变得越来越单薄，很多人一味地盯着权势利益、金钱名利，早就忘了亲情才是我们人生中最宝贵的财富。对于一个拥有亲情的人而言，这宝贵的亲情无疑也是他的人生资本。也许很多时候亲人之间的关照在平日里并没有表现出来，而一旦遇到危急时刻，亲人之间那种血浓于水的感情，就会让我们得到更多的关爱和温暖。所谓患难见真情，说的就是这个道理。

作为生在和平年代的普通人，也许我们在岁月静好的日子里并无法感受到亲情的力量，然而血浓于水的事实是永远不可能改变的。任何情况下，我们都应该孝顺父母，爱惜自己的兄弟手足，和他们一起分享亲情带来的温暖和爱，也和他们同心协力创造美好的人生。

幸福无须证明，努力就能拥有

每个人都渴望得到幸福，而真正了解幸福真谛的人却少之又少。幸福是什么？有人说幸福是钱财无数，有人说幸福是事业有成，还有人说幸福就是爱情美满，更有人说幸福是虚无缥缈的感觉。其实，幸福对于每个人都有不同的定义，一切的幸福并非他人口中的幸福，也并非他人标准下的幸福，而是我们内心深处最真实的感受。每天，都有无数人抱怨自己不幸福。殊不知，抱怨并不能使他们变得幸福，而只会使他们的不幸福更加深重。

在熙熙攘攘的街道上，在孤独寂寞的深夜里，在爱人的眼睛里，在迷茫的未来里，我们都有义务让自己得到幸福，每个人也都有幸福的权利。要想得到真正的幸福，我们就要接纳自己。一个人总是与自己对抗，是不可能得到幸福的。唯有从内心深处接纳自己、悦纳自己，我们才能坦然面对人生和命运，从而得到真正的幸福。

大凡幸福的人，都有一个共同点，即他们能够发现自己。很多人自以为了解自己，却并不知道自己有何优点。他们眼中的自己一无是处，总觉得每个人都比他们过得更幸福，殊不知，在不知不觉中，他们早已是别人羡慕的对象。一旦你意识到这种幸福的真实存在，你就会变得淡定平和，对生活感到满足。从本质上来说，幸福就是满足感。对自己满足的人，对爱人满足的人，对事业满足的人，对孩子满足的人，对朋友满足的人，总是能够获得更多的幸福。常言道，人心不足蛇吞象。不知道满足的人，永远无法体会到幸福的滋味。人外有人，天外有天，一个人再怎么优秀，也无法把所有人都比下去。同样，一个人即使命运坎坷，也总能从生活中找到一丝丝的安慰。所以，苦中作乐，蜜里调油，都是同样的幸福。

幸福也从来不是证明给别人看的。记得昨天从朋友圈里看到这样一条："你真的过得比朋友圈里更幸福吗？"随着网络的发达、信息传递的实时化，越来越多的人加入了晒幸福的行列。吃饭要晒，出去玩要晒，带孩子要晒，逛街要晒，就连不小心踩到了狗屎，也要晒一晒。真不明白，现代人还能不能专心致志地享受一件事情了！各种晒，俨然已经打破了人们生活的常规，似乎凡事都必须晒完才能步入正轨。更有因为吃火锅之前忙着拍照片，把手机掉进火锅汤里的，让人不胜感慨。你真的比朋友圈里的更幸福吗？事实未必如此。真正幸福的人，只顾着享受幸福，哪里还有功夫拉仇恨呢！大凡晒的人，都是为了得到别人的夸赞，满足自己空虚的内心吧！所以，要慎重地晒，不要毫无限度地晒。当你不晒的时候，大家就知道你真的很幸福，幸福得没有时间出来晒啦！

人到中年的她，失去了丈夫，儿子也去了遥远的城市读大学。转眼之间，原本温馨热闹的家里就只剩下她一个人，冷冷清清，凄凄惨惨。儿子很担心她，又因为不能陪着她一起走出失去亲人的痛苦，所以几乎每天都在固定的时间打电话回家与她谈心。听到她消沉落寞的声音，儿子担心极了。有一段时间，她甚至失去活着的欲望，恨不得能够也随同丈夫在车祸中死去，那也强过这么痛苦地活着。但是一想到远方的儿子只有她这么一个亲人，她又犹豫了。

一个偶然的机会，她认识了一位老大姐。这位老大姐年纪轻轻就失去丈夫，后来独自抚养女儿长大，如今女儿在地球那边的美国，已经几年都没回家了。但是，老大姐看起来精神矍铄，神采奕奕，和她的状态完全不同。她问："老姐姐，你是如何做到的呢？"老姐姐笑着说："每个人都有幸福的权利啊！即使我们失去了一切，我们也不能失去幸福。"老姐姐的话让她茅塞顿开，她下决心改变状态，勇敢地拥抱生活。等到儿子再打来电话时，从她的声音里听到了明显矫饰的幸福。对，她从现在开始就要伪装幸福，她相信终有一日她能真正找回幸福。

没有人的一生会是一帆风顺的。我们唯有坦然面对和接纳生活的风雨坎坷，才能拥有幸福的权利。幸福，真的是一种权利。生命是一场没有归途的旅程，生命的长短不可知，生命的质量却是我们可以尽力把握的。

所谓酸甜苦辣，人生百味，只有真正品尝过、经历过、感悟过，才是你真的拥有过。不论命运多么残酷无情，我们都以一颗幸福的心去面对吧！

把幸福给那些伤你最深的人看吧

对于那些曾经伤害过自己的人，大多数的人心里都有着深深的怨恨。这种怨恨就像一根毒刺，深深地扎在人们的心里，使人们坐立不安、心神不宁。实际上，这种怨恨在真正展开报复行动之前，并不能给那些伤害过我们的人带来任何的痛苦，反而会使我们在更多的日子里遭受对方伤害的折磨，无休无止。

真正的聪明人，面对他人无情的伤害，也许会暂时感到伤心欲绝，甚至对对方恨得咬牙切齿，但是他们最终会想明白一个道理：生气是用别人的错误惩罚自己。他们当然不愿意在被伤害之后还搭上自己每一个原本应该幸福快乐的日子。所以，他们选择遗忘伤害，选择解脱自己。其实，这恰恰是最好的报复方式。别人既然伤害你，肯定是为了看你伤心绝望，甚至恨不得你郁郁寡欢地结束生命。如果你正好顺了对方的心意，那你就是在帮助对方伤害自己。正确的做法是，我们要从跌倒的地方站起来，鼓起勇气继续前行，满怀着爱和希望，为自己赢得未来的人生。当你如春花般灿烂地微笑时，你已经开始实施自己的报复：伤害你的人看你过得这么好，一定会妒火中烧，恨不得冲上来揍你一顿，却又只能默默忍受心里的煎熬。这样的报复，才是最华丽的转身，才是最成功的报复。

马丁和豆豆从大一便开始恋爱，是校园里人人羡慕的一对金童玉女，然而，从恋爱伊始直至大学毕业，双方的父母始终不同意两人在一起，理由是两个家庭相隔太远。于是，两人毕业后留在大学所在的城市，决心拼出属于自己的天地。

两人大学时勤工俭学，有了一些积蓄。于是，商量之后，两人决定做服装生意，实体店铺和网上店铺双管齐下。

刚开始时，流动资金有限，他们不敢一次进太多的货，因此每天都需要进货周转。所以，豆豆常常凌晨就起床，和马丁一起去服装批发市场。而白天，他们轮流忙里偷闲地休息，看店的人同时还要盯着网店。这样的日子，不可谓不辛苦，豆豆和马丁很快就变成了熊猫眼。然而，他们苦中作乐，日子倒也过得有趣。

两三年之后，豆豆和马丁积累了一部分资产，开了属于自己的公司。渐渐地，在生意场中摸爬滚打的他们，把事业做得风生水起。然而，就在他们买了房子准备结婚之际，豆豆意外地发现马丁在网上与一个女大学生谈起了恋爱，而且已经背着她见了好几面了。事发之后，豆豆伤心欲绝，而马丁则再三保证自己只是逢场作戏。虽然马丁向豆豆保证不会再犯，但是结婚前三天，豆豆再次遭遇了灭顶之灾：她发现马丁和那个女孩出去开房了。这次，马丁的态度截然不同，他向豆豆提出解除婚约，即便豆豆苦苦哀求，他依然义无反顾地离开了，还带走了他与豆豆几年来积累的所有资产。

面对空空荡荡的家，豆豆简直心如死灰。她把自己最美好的年华给了马丁，也把自己所有的感情和心力都给了马丁，如今她就只剩下一个躯壳。豆豆昏天黑地地睡了好几天，绝望透顶。得知豆豆的遭遇后，她的好朋友丽丽从远方的城市赶来，只对她说了一句话："你这样，只会让亲者痛，仇者快。"豆豆突然间豁然开朗。她马上振奋精神，招聘员工，把公司又开了起来。没钱没关系，以前那么穷苦的日子不是都已经过来了么！想到这里，豆豆再次充满了希望，而且她立志要活得更好，让那个瞎了眼的马丁为失去自己而后悔万分。五年过去了，豆豆的公司做得风生水起，而且对于她如今的恋人，父母十分满意；而马丁呢，被那个没有道德底线的女孩花光了所有的钱，如今非常落魄。虽然他来找过豆豆，但是，豆豆身边站着的那个高大英俊、气宇轩昂的男人，让他再也没有勇气上前与豆豆搭讪。

当我们生气的时候，也许会控制不住破口大骂，以发泄愤怒的情绪，很多时候骂完了也就好了。然而，当我们伤心的时候，那份深刻的伤痛会长久地隐藏在我们心底，使我们根本不知道应该如何面对。

面对仇恨，大多数人的方式是以牙还牙、以眼还眼。然而，报复一则要等待时机，使你在等待的时间里承担加倍的痛苦，二则报复也是有风险的。当你被仇恨冲昏头脑时，甚至会在报复他人时也毁灭了自己。生活的洪流带着我们滚滚向前，我们必须挣脱仇恨的囚笼，才能更好地享受生活、畅想人生。仇恨就像是手铐脚镣，使你片刻不得安宁。人们常说，原谅别人，就是宽宥自己。这句话实在是至理名言。幸福给那些伤你最深的人看吧，你的幸福，就是对他们最好的报复！

感恩自我，幸福的门槛其实很低

叔本华曾说过：“我们很少想到自己拥有什么，却总是想着自己还缺少什么！不要感慨你失去或是尚未得到的事物，你应该珍惜你已经拥有的一切。”有人曾问活到120岁的老人，为何会这样长寿，老人笑了，深深浅浅的皱纹似乎也满含笑意，他说：“没有什么，只要凡事看开点。”或许，年少时的我们太猖狂，总以为人生只有甜美，在经历了命运的坎坷、生活的艰辛之后，我们逐渐懂得，人生并不如想象般一帆风顺，其中也有酸甜苦辣，只有放宽心胸，凡事看开点，人生才会变得更美好。否则，总是自己跟自己生气，有可能将在怨气中度过余生。其实，幸福的底线是自己界定的，它可以很高很高，也可以更低一点。将幸福的底线画得越低，我们就越容易接近幸福。

史铁生曾这样写道：“生病的经验是一步步懂得满足。发烧了，才知道不发烧的日子多么清爽。咳嗽了，才体会不咳嗽的嗓子多么安详。刚坐上轮椅时，我老想，不能直立行走岂不把人的特点搞丢了？便觉天昏地暗。等又生出褥疮，一连数日只能歪七扭八地躺着，才看见端坐的日子其实多么晴朗。后来又患尿毒症，经常昏昏然不能思想，就更加怀恋起往日时光。终于醒悟：其实每时每刻我们都是幸运的，因为任何灾难的面前都可能再加一个'更'字。"史铁生从心底深处说出了这样的话，我们可以理解为他一定是吃尽了"疾病"的苦头，懂得了感恩，所以，才把幸福底线定得这么低。事实上，幸福底线本就如此低，为什么我们并没有养成每天"幸福"的习惯？

死亡，或许是人们最后的结局，但是，在通往终点的路上，人们各有选择。在很多时候，我们不懂感恩，总认为生活给予自己的不够多，不自觉提高了幸福的底线，而当我们真正意识到什么是幸福的时候，生命留给我们享受幸福的时间已经少得不能再少了。

亚伯拉罕·林肯曾经说过："人如果下定决心要拥有幸福，他就会等到幸福。"经常关注杨澜博客的人会发现，她有一个特别的习惯：每天都会写下5件让自己感到幸福的事情，比如，天气晴朗温暖，让我一睁开眼就有好心情；与几位朋友共进晚餐……在后面，杨澜写了这样一句话：“我们从小就学习各种能力，但似乎忽视了一种最重要的能力——感受幸福的能力。”

因为不懂感恩，所以，我们渐渐失去了感受幸福的能力。试想，将幸福的底线画得太高，幸福难道会离我们更近吗？如果每天我们将幸福的底线画低一点，那么，幸福的指数就会一直上升，感恩也会成为一种习惯，伴随我们左右。

第 09 章

永远生机勃勃，永远年轻快乐

祸莫大于不知足，知足即常乐

“祸莫大于不知足”，“贪者，恶之大也”“非智之不足，非技之不胜，利令智昏，贪婪之心，才是天下祸机之所伏”。不得不说，不知足是人性的一大弱点。而这一弱点过于突出的人，因为有错误的价值观念，所以存在极端的个人主义思想，常常会得陇望蜀，有了票子，想房子，有了房子，想位子，从不会满足，于是，他们陷入了无止境的欲求之中，一旦自己的欲求满足不了，就开始产生焦虑情绪，又有何快乐可言?

“知足才能常乐”，芸芸众生都知道这个道理，但似乎只有极少数人才能达到这个境界。所以，不知足的人不能感受到生活的乐趣所在，他们马不停蹄地追逐目标，却往往忽视了人生于世的终极目标是快乐。世上没有比快乐更可贵、更难得、更为人们所普遍追求的东西了。在俄国诗人涅克拉索夫的长诗《在俄罗斯，谁能幸福和快乐》中，诗人找遍俄国，最终找到的快乐人物竟是枕锄瞌睡的农夫。是的，这位农夫有强壮的身体，能吃、能喝、能睡，他打瞌睡的倦态中以及打呼噜的声音中，无不飞扬和流露出由衷的开心。这位农夫为什么能这么开心？不外乎两个原因，一是知足常乐，二是劳动能给人带来快乐和开心。

不管你是在温室中成长，还是在困苦中挣扎，欲望都会存在于你的心中。欲望可以成为我们的信念，支撑我们渡过难关，但是欲望也像鸦片，容易上瘾。皮埃尔·布尔古说过："人们常常听到这样一句话：'是欲望毁了他。'然而，这往往是错误的。并不是欲望毁了人，而是无能、懒惰，或糊涂。"

我们可以发现，有些大款虽然守着一堆花花绿绿的票子，守着一幢豪华的洋房，守着一位貌合神离的天仙，却未必能咀嚼到人生的真趣味。幸福不幸福，同样也不能用手中的"权"来衡量。有了权，未必就能天天开心。我们时常看见，有些弄权者为了保住自己的"乌纱帽”，处处阿谀逢迎，事事言听计从。失去了做人的尊严，哪里还有什么真正的开心？

有的人利用手中的权，拿公款大吃大喝、游山玩水，上歌厅舞厅 “泡妞”，虽然获得了一时的感官刺激，找到了一时的开心，却给自己带来了诉不完的懊悔。他们就像歌德笔下的浮士德，拿自己的灵魂去换取一段开心快乐的时刻，结果变成了傻瓜，他们最后失去的不仅是快乐和开心，甚至连生命也一起失去了。

我想，我们也应该好好反思一下到底什么是真正的快乐了。那么，我们怎样才能做到知足呢？

1.警示自己

我们可以以前人的正反事例来警示自己。现实中的许多人，因为贪婪，以至于身败名裂，留下千古骂名，到头来后悔晚矣。我们要以这些事例时刻警示自己，从而消除贪婪心理。

2.自我反思法

你可以拿出一张纸，然后在纸上连续20次用笔回答“我喜欢……”这个问题。回答时应不加思索，一口气回答完，限时20秒钟。等你全部写完后，你应该逐一分析哪些欲望是合理的，哪些是过分的，这样就可明确贪婪的对象与范围。最后，对造成贪婪心理的原因与危害，作较深层的分析。

3.常保知足之心

人们常说："知足常乐。""知足"，就不会心生邪念，而"常乐"也就能保持心理平衡了。

我们都是平凡的人，不可能做到无所追求，但生命只有一次，而且时间有限，所以，每个人都应该珍惜自己的生命，在有限的时间里不要让自己太疲惫，尽可能让自己过得快乐一点。人活一世为了什么？就是为了快乐，快乐才是人生最大的财富。

心若年轻，生命就永葆年轻

从婴儿呱呱坠地开始，生命的年轮就开始不停歇地转动。即便我们梦想着青春永驻，年轮依然滚滚向前，时间如同逝水带走了我们的青春容颜。然而，尽管我们无法决定生理上的年龄，但是我们可以决定自己心理上的年龄。众所周知，心理年龄决定了我们的精神面貌，即使容颜苍苍只要有一颗年轻的心，也能展现出生命纯真美好的一面。因此，除了需要尽量延缓生理年龄之外，我们更加需要注重提升自己的精神世界，从而使自己的内心永葆青春。现实生活中，我们经常看到七八十岁的老人精神矍铄，反而有些正值盛年的年轻人却丝毫没有精气神，总是神情萎靡不振，终日恹恹。这种现象之所以发生，本质原因在于，老人尽管生理年龄大，但是心理年龄很年轻；相反，年轻人尽管生理年龄小，但是心理年龄很苍老，也因此变得迟暮。

现代社会，生存压力越来越大，很多人都注重对身体的保养，却疏忽了心情也是需要养护的。看着那些天真烂漫的孩子，我们不由得要扪心自问："为何赤子之心不再？"孩子们哪怕只是拥有一件简单的玩具，甚至在没有玩具的情况下，也能和小伙伴玩得不亦乐乎，他们的幸福与快乐让人羡慕。然而，随着年龄渐渐增长，人的欲望越来越大，人们得到得更多，快乐反而锐减。究其原因，就是因为人心贪婪，使得生命更加负重，也变得沉重无比。很多人都觉得现实社会的烦恼是不可避免的，是生活成长的副产品，根本无法消除。其实，只要我们调整好自己的心态，让自己能够坦然面对人生的得失，也能够怀着赤子之心面对人生的重重磨难，那么终究还是可以重新找回幸福和快乐的。

作为一名销售员，周凯在现在的单位已经工作十年了。十年间，他身边的同事来来去去，已经换了好几拨人，唯有周凯一直坚定不移地做着这份工作，从未因为工作上的得失影响自己的心情。所以他不但工作做得好，生活也丝毫没有受到影响，并不像其他同事那样把工作的压力带到生活中去，最终不堪重负。

今年，周凯得到了提拔，成为销售部的总经理。对于这样的晋升，周凯并没有感受到特别欣喜，他很清楚相应的职位必然要承担起相应的责任，他也因此感到肩上沉甸甸的压力。新官上任三把火，很快，周凯就让整个部门的风气焕然一新。尽管工作上有所成就，但是周凯与同事们之间的关系变得紧张了，他不由得感到心力交瘁。为此，他开始定期自省，并调整心态。经过一年多的努力之后，周凯获得了上司的认可和表扬，也得到了应得的回报。当其他同事问起他是如何保持良好的工作状态和销售业绩的，他笑着说："年轻的心才能拥有年轻的状态，心若年轻，生命也永葆年轻，工作的状态也永葆青春！"

在这个事例中，周凯之所以能够保持良好的工作状态，是因为他始终都有一颗年轻的心。很多长时间从事销售工作的人，都会感到疲劳，因而也难以保持良好的工作状态；周凯则始终保持年轻的心态，因此，无论是在生活中还是在工作中，都能够给予自己充足的动力。

当然，人生之中总会有很多事情使我们感到沉重，随着不断地成长和成熟，我们的心也会渐渐充满负面情绪。在这种情况下，我们必须把负面情绪当做垃圾倾倒出去，才能始终让自己心灵轻松，保持年轻的状态。就像电脑硬盘需要定期清理一样，我们的心也需要定期清理，才能保持轻松愉悦，才不会因为负担过重导致事倍功半。

热血奔放的青春，让我们享受激情

生活中，常常听到有人说“年轻就是资本”，的确，年轻就是我们的资本，即便犯了错误也有大把的时间去改正，即便错过了什么，也可以在未来的生命中肆意去追。然而，青春是一条弯弯曲曲的河流，要想汇入大海，必须经过弯弯绕绕，才能投入大海的怀抱。在真正抵达大海之前，没有任何一条河流知道自己会经历什么，因而只能义无反顾地勇往直前，也只能怀着美好的期盼畅想未来。

时光如梭，人生如同白驹过隙，我们的青春时光啊，虽然漫长得足以供我们纵情挥霍，却又是那么短暂，短暂得转眼即逝。在如同热火般燃烧的青春岁月中，有的人茫茫然不知所措，有的人如同飞蛾扑火般燃烧自己，还有的人有理想、有规划、有实现的行动和勇气……无论怎样，青春就那样过去了，带着我们的梦想，也带着我们的激情。无数的青春时光在经历绚烂的绽放之后，如烟花般灰飞烟灭，也有的青春在燃烧之后还给我们的生命留下光和热。青春注定是神奇的，我们也唯有热烈地在青春时光里燃烧过，才能尽情尽兴地享受青春。

大学毕业之后，小梦和很多同学一样四处奔波着找工作。当然，她也和其他同学一样四处碰壁，喜欢的工作不能被录用，被录用的工作自己又不喜欢。在这样的情况下，足足半年了，小梦还是没有找到合适的工作，眼看着时间飞逝，她突然有了一个大胆的设想——自主创业。

原来，小梦大学时就曾在淘宝店兼职过，因而对淘宝店的开店流程和经营模式都很熟悉。为此，她马上向父母借了几万块钱资金作为开店的资本，接下来又去浙江义乌的小商品批发市场走了一圈。就这样，一个月之后，她的淘宝店开张了。此时，她的同学们还在各家公司最基层的岗位上奋斗呢，而她已成为了一个真正意义上的小老板。面对同学们的质疑和担忧，小梦无怨无悔地说：“青春就是用来燃烧的，我愿意付出自己的热情和动力，为我的青春做主！”

转眼之间，几年的时间过去了，今日的小梦早已成为几家淘宝连锁店的老板。在拥有更多的资金之后，她更是大胆地成立了加工厂，专门生产一些婴幼儿用的口水巾、三角巾等利润比较大的产品，最终居然形成了自己的品牌，在淘宝市场上占据了一席之地。

对于年轻的朋友而言，人生总是充满着无限的可能性。他们既没有家庭的拖累，又因为年轻正值热情似火的年纪，所以不管是对于工作还是事业来说，都处于最佳时期。在这种情况下，假如白白浪费宝贵的青春时光，无疑是让人感到遗憾的，也会给人生留下缺憾。正确的做法是，趁着年轻，给自己的人生更多的机遇和可能，帮助自己的人生挖掘到第一桶金，或者沉淀经验，为获得成功的人生奠定基础。

也许有人觉得，尽管年轻人都很想创业，却因为缺乏资本，导致很多好的设想都付诸东流。其实年轻就是最大的资本，年轻人有足够的时间和勇气，也能够有更多的机会积累经验，至于金钱的资本，无疑是最廉价的资本，当想法成熟时，很容易得到家人的支持，所以反而不是创业的最大阻碍。朋友们，从现在开始，让我们努力积累人生的资本吧，唯有如此，我们才能用热血燃烧青春，用激情点燃生命！

做一朵向日葵，永远向着太阳

很多人都曾看过向日葵的花盘，它也叫向阳花，之所以如此得名，是因为它总是向着太阳的方向不停地转动，接受阳光的抚照，吸收阳光的能量，茁壮成长。其实，人也应该如同向日葵一般，永远向着太阳，这样才能赶走人生的阴霾，让自己形成阳光明媚的心态。

人的心是一个有限的容器，当阳光变多了，阴霾就会渐渐散去，再无存身之地。相反，如果人生之中充满阴霾，即使有阳光，阳光也会如同被乌云遮蔽一样，无法穿透乌云照亮我们的人生。因而，为了拥有阳光灿烂的人生，我们理应成为一朵满心阳光的向日葵，让自己的人生永远阳光普照。

只要心中的希望之光不灭，人生就永远是值得期许的。即便在坎坷的境遇中，我们也总是能够找到让自己快乐的所在，就像那些狭缝中求得生存的小草一样，只要它们愿意活着，哪怕是随风而来的些微泥土，也能让它们得到生命的滋养。

其实，人的生命力是非常顽强的，人的潜能也是无比巨大的。任何情况下，我们只有坚持内心的渴望，快乐地面对生活，才能驱散心中的阴霾和悲伤，最终让自己的人生充满阳光。也许有人会说，生活中的苦难远远大于幸福的感受。其实我们要说，这是因为你不会抓住随遇而安的快乐。

所谓幸福，并不是指拥有多少金钱，也不是指拥有多少权势，而只是一个简单不经意的小动作，或者是一次偶然的邂逅，更有可能只是午后的一杯清茶、一本散发着油墨清香的书。生活中简单的幸福随处可见，可以说生活中并不缺少幸福，缺少的只是发现幸福的眼睛和感受幸福的敏感心灵。春日的小雨，夏日的凉风，秋日的硕果，冬日的阳光，郊外的花花草草，都是人生中不可多得的幸福。唯有怀有一颗敏感的心，我们的心才能始终朝着幸福的太阳，我们的人生才能拥有和煦的温暖阳光。

赶走人生的雾霾，让自己每一天都阳光明媚

生活中，有几个人能够一帆风顺呢？大多数人始终都有自己的烦恼，其中也不乏有些人总是对自己的命远怨声连连，对生活极其不满。其实，假如想要获得成功，实现梦寐以求的目标，如此消极悲观只会产生负面的作用。真正的人生强者，在面对人生的挫折时，只会鼓起勇气，让自己满怀信心和希望，从而让自己积极乐观地面对生活；也决不懈怠人生的每一分钟，从而让人生变得更加充实、美好。

世界著名的音乐家贝多芬，一生之中饱受生活的磨难，甚至在音乐事业登峰造极的时候，失去了音乐家赖以为生的听力。这样的打击无疑是致命的，但是贝多

芬从未放弃过，而是勇敢地承受命运带来的痛苦，站起来，以顽强不屈的毅力与命运抗衡。他曾经说过，一匹真正的骏马是不会因为被苍蝇咬了几口就放弃奔跑的。人生中的强者也是如此，遭遇一次或者几次失败，都不能使他们放弃对人生的希望和渴望，也不会让他们就此偏离人生的轨道，更不会让他们自暴自弃、破罐子破摔。相反，他们总是能够保持内心的淡定平和，因而也就能够真正做到悦纳人生，坦然接受人生的一切馈赠，或者是幸福美好，或者是艰难挫折。总而言之，人生不如意十之八九，我们不能把人生的各种困境当成是从天而降的拦路石，而要把它们视为人生路上理所应当的存在。就像一条路上总会有河流，因而就有小桥，总会有高山，因而就有山路十八弯一样。人生的道路也正因为有了这些障碍的存在，所以才显得不那么枯燥乏味。

对于任何人而言，唯有拥有钢铁般的意志力，才能够不断战胜人生路上遇到的重重困难，从而鞭策和激励自己不断向前、向前、再向前。否则，一旦遇到小小的困难就放弃了，人生必然止步不前，也会蒙受巨大的损失。

当然，在人生的路上，因为境遇和遭遇的不同，人们的情绪也时起时伏，难以捉摸和判断。任何情况下，我们必须成为人生真正的强者，也要控制好自己的情绪，这样才能让自己人生的每天都阳光明媚、充满希望。

要知道，生活中很多最终闹得无法收场的事情，其实都是因为我们不能控制好情绪，导致恶劣情绪不断酝酿和发酵，使得事情也陷入不可解决的僵局中。从个人修养的角度来说，能够控制情绪的人无疑都拥有极高的修养。面对生活中各种各样的突发状况以及和他人相处过程中的不愉快，我们一定不能放任情绪不管不顾，而是应该采取积极无害的方式宣泄情绪，从而使得我们与他人的交往更加平和愉快。

我们常常说要成为人生的强者，殊不知，真正的人生强者不仅拥有超强的能力，更重要的是拥有控制情绪的能力。如果说弱者让情绪控制行为，那么强者则是用行为控制情绪，从而成为自身的主宰，不至于因为情绪失控做出让自己追悔莫及的事情。尤其是在与他人交往的过程中，控制好情绪不但能够帮助我们自身拥有好心情，也能消除他人心中的顾虑和不快，从而使交往更加和谐融洽。

用乐观的心笑对人生

曾经有人把世界上的人划分为两类，一类是男人，一类是女人。当然，这仅仅是从性别角度进行的物理划分。假如从性格的角度来进行划分，则我们可以把人分为悲观的人和乐观的人。正是因为如此截然不同的人生态度和性格特征，才导致了位于两种极端的不同人生。对于乐观的人而言，人生应该充满积极向上的动力，这样才能更加奋进；对于悲观的人而言，人生则多是悲哀伤心的事情，环绕在人们身边的是失望，甚至是绝望。因而我们每个人都应该把负能量从心中驱赶走，这样才能怀着一颗乐观的心笑对人生，才能在遭遇人生的坎坷困境时始终满怀希望、绝不放弃。

细心的人会发现，生活中那些始终面带微笑或者是经常开怀大笑的人，很少因为倒霉导致自己接二连三地遭遇悲催。反而是那些总是愁眉苦脸、杞人忧天的人，他们真的会因为自己的担忧和烦恼，给自己带来无穷无尽的麻烦。实际上，这从心理学的角度而言，是一种深层次的心理暗示，也正是由于不同的心态，给我们带来了不同的人生。

很久以前，有两个鞋厂的推销员都去非洲推销鞋子。从未走出过国门更不了解非洲的他们，到了非洲才发现那里的人根本不穿鞋子，不管男女老少全都赤裸着双脚。为此，一个推销员马上背起行囊打道回府，到了厂里更是悲伤地向厂长汇报："在非洲，从古至今，不管男女老少，从来没有人穿鞋子。所以不管我们的鞋子多么好，也不管它多么物美价廉，在非洲都不可能有市场。"后来，另一个推销员在非洲进行了深入细致的调查，还翻阅了很多资料，并结合现实情况，了解了非洲人对于鞋子到底怀有怎样的态度和心理。在进行完充分的准备工作之后，他乐观地写信向厂长汇报："厂长，非洲对于咱们而言就像是一个大金矿。你简直难以想象，这里的人们从来不穿鞋子，也就是说这里没有任何人拥有哪怕一双鞋。由此可以想象，即便每人只买一双最便宜的鞋子，对于咱们而言也是巨大的商机。您现在就给我先发一批鞋子过来，要结实的、物美价廉的，我可不想一上来就用昂贵的鞋子把这些潜在顾客吓跑。等到他们渐渐认识到穿鞋子的好处，我想他们一定很乐意拿出更多的钱来为自己购买一双更好的鞋子。”

从这个事例中我们不难看出，第一个推销员是个天生的悲观主义者，面对着从来不穿鞋的非洲人，他几乎不愿意进行任何努力和尝试，就打道回府了，也彻底放弃了非洲市场。相比之下，第二个推销员是典型的乐观主义者。他面对从不穿鞋的非洲人，非但丝毫没有感到沮丧，反而因为看到了巨大的市场和商机而倍感亢奋。可以想象，凭借着这份热情和信心，他一定能够成功打开非洲的市场，成为第一个把鞋子带入非洲的推销员。

其实，乐观者之所以乐观，并非因为他们拥有得更多，只是因为他们更懂得满足，也更加善于感恩。相反，悲观者即使得到了很多，也依然会因为觉得不满足而抱怨不止，最终使人生也陷入晦暗之中。打个比方，悲观就像是一种具有传染性的细菌，不但会给我们身边的人带来负面消极的影响，最重要的是它也会影响我们自身，使我们失去前进的动力和勇气。从这个角度而言，悲观者对于自身的负面影响远远大于对他人的负面影响。只要我们能够摆正心态，始终满怀积极和热情地面对人生，我们的人生就一定会充满阳光。

第 10 章

只要愿意生长，何处不是土壤

走少有人走的路

人们都想成功，但很少有人愿意为成功付出努力。而那些成功者之所以会成功，是因为他们即使害怕也会行动，而大多数人正是因为害怕而没有作为。约翰·沃纳梅克——美国出类拔萃的商业家这样说过：“没有什么东西是你想得到就能得到的。”成功的人与那些蹉跎人生的人的最大区别，就是行动！如果你能追溯那些成功人士的奋斗之路，你就会感叹：“难怪他会做得这么好！”怎么样的行动能获得最大的成功呢？是马上行动！只要你敢于迈出别人不敢迈的那一步，你就能比别人快“半拍”，就能成为第一个吃螃蟹的人。

因此，我们每个人要想成功，就应该做到敢为人先，就要认识到行动的重要性。现代乃至未来社会，执行力就是竞争力。成败的关键在于执行。

不难发现，我们生活的周围，很多人都对未来作出了各种各样的构想，但真正执行的人，少之又少。每每考虑到会有失败的可能，他们就退缩了，因为他们怕被扣上愚昧的帽子，遭到别人取笑；他们不敢爱，因为害怕不被爱的风险；他们不敢尝试，因为要冒着失败的风险；他们不敢希望什么，因为他们怕失望……那些可能会遇到的风险，让他们畏首畏尾，举步维艰，他们茫然四顾，不知道自己的出路在何方。殊不知，如果你连第一步都不敢开始的话，你永远不可能看到追求人生目标之路上的风景。

杰克·韦尔奇曾如此说道：如果你有一个梦想，或者决定做一件事，那么，就立刻行动起来；如果你只想不做，是不会有所收获的，而你也只会落得失望的结果。

人间的事情没有一件绝对完美或接近完美，如果要等所有条件都具备以后才去做，那么就只能永远等待下去了。如果一个人一直在想而不去做的话，根本成不了任何事。

因此，从现在起，请记住下面两种想法：

（1）切实执行你的创意，以便发挥它的价值。不管创意有多好，除非真正身体力行，否则永远没有收获。

（2）遵从你内心的热情。如果你热爱什么，就大胆地去做吧。比如，在学习上，选择对你有意义并且能让你快乐的课，不要只是为了轻松地拿一个好分数而选课，或选你朋友上的课，或选别人认为你应该上的课。

总之，你需要记住，千里之行，始于足下。不积跬步，无以至千里；不积小流，无以成江海。凡事要想做大，都得从小处做起，从眼前最基本的事物做起。如果一个人心里有远大的理想，却不愿意一步一步去努力，那他永远也不会有美梦成真的那一天。

山不过来，我就过去

人生路上，很多人都采取被动的姿态，任何时候都无法积极主动地掌握人生。其实，我们是人生的参与者和主宰者，而不是人生的客人。因而，我们理应摆出主动的姿态拥抱人生，不管人生给予我们的是馈赠还是磨难，我们都要成为人生的主人翁，坦然悦纳人生。

如果我们很想欣赏山上的风景，那么就不能站在原地等着地壳运动之后山来到我们的面前，而应该积极主动地走到山脚下，努力朝着山的顶峰攀登，这样才能成功征服山峰，如愿以偿地饱览风景。人们常说山不转水转，其实说的就是这个道理。世界上的任何事情都处于随时随地的改变之中，我们唯有坚持与时俱进，才能随时掌握事情的最新动态，从而作出聪明睿智的选择。

很久以前，有个年轻人叫张文举。他从小就有个梦想，那就是成为下笔如有神的作家。为此，他每天都坚持不懈地写随笔，从未松懈过一天。然而命运总是残酷的，尽管他如此勤奋、执着，然而，他投递出去很多稿件，既没有任何一篇发表，也没有任何一篇收到过退稿信。想着如同石沉大海的稿件，张文举毫不气馁，而是继续笔不辍耕，坚持每日写作，坚持投稿。如此过了十年之后，就在29岁那年，张文举突然接到了一个电话，居然是一个编辑打来的。原来，多年来张文举一直坚持向这个刊物投递稿件，尽管没有回音，他也从未放弃。就这样，那个刊物的编辑尽管与张文举素未谋面，却已然对张文举很熟悉了。编辑在电话里真诚地对张文举说："我可以感觉到，你是一个非常努力上进的男青年。不过，这十几年来你投来的稿件并没有任何进步，我认为主要是因为你知识面太狭窄，而且缺乏生活经验导致的。但是我偶然有了惊喜的发现，不知道你自己是否有所觉察，那就是你的钢笔字和刚刚投稿的时候相比，俨然已经有了突飞猛进的进步……"编辑的话非常恳切，犹如阳光刺破乌云一样，让张文举心中一片清明。从此之后，他不再写作，而是改为努力锻炼钢笔字。果不其然，他的进步简直神速，经过一番勤学苦练，后来终于成为书法界大名鼎鼎的硬笔书法家！

既然在写作的道路上成功并不青睐坚韧不拔的张文举，那么他就顺应形势，在编辑的指点下及时调整自己的发展方向，从而主动获得成功。不得不说，从张文举身上，我们看到了改变的力量。毋庸置疑，每个人都有自己的特长，也有自己的天赋，我们如果非要执拗地做自己不擅长的事情，则往往很难取得好的结果，唯有顺应自身的实际情况，才能帮助自己取得事半功倍的发展。

朋友们，你们是否也曾执拗地与成功对峙呢？假如意识到自己并不能如愿以偿地获得梦寐以求的成功，不如就从此刻开始充分挖掘自身的潜力，发扬自己的优点和长处，从而主动积极地追求成功。“山不转水转”，“条条大路通罗马”，只要我们随时根据事情的发展情况调整心态、端正态度，我们在成功路上依然能够做到事半功倍、心随所愿！

战胜内心的恐惧，勇敢面对生活

每个人内心深处都有恐惧，渐渐地，恐惧成为我们生活的一部分，始终伴随着我们的生活。走遍世界的每一个角落，我们都无法摆脱恐惧，因为恐惧是人与生俱来的心理，所以，真正的强者并非从不感到恐惧，他们能够从容面对内心的恐惧，从而做到勇敢面对生活。

恐惧不仅是一种心理感受，也是一种行为模式，适用于大多数人。现代社会，恐惧更是成为大众的流行病，尤其是在重重的压力之下，人们活着更是心惊胆战、提心吊胆。所以，我们不敢失败、不敢停留，只能一刻不停地往前奔去。我们不敢生，也不敢死，更不敢生病，生怕人生一旦被中止就再也无法成功起航。

毫无疑问，生活中每个人都想成为强者，都想成为生命的主宰，都想驾驭命运。偏偏，我们总是难以如愿以偿，因为不是命运太残酷，就是我们的内心太恐惧。在这种情况下，我们要想把握人生，首先必须战胜自我，战胜内心的恐惧，这样才能勇敢地面对生活。当然，恐惧的形式是多种多样的，并不拘泥于某一种形式。

也许从心理学的角度而言，恐惧的存在是完全正常的；但是从现实生活的角度而言，恐惧依然会影响我们的人生与生活。所以，我们必须学会与恐惧和谐相处，唯有如此，我们才能把恐惧变成人生的常态，才能彻底消除恐惧对人生的负面影响。

很久以前，有个男孩住在美国的一个偏僻乡村里。他虽然看起来身强体壮，非常勇敢，但是他唯独害怕家里圈养的牲畜。这种牲畜不是猫狗，也不是骡马，而是伸长了脖子的大鹅。男孩也不清楚自己为何一见到鹅就浑身瑟瑟发抖，他认为自己只要靠近它们就会被它们啄。遗憾的是，男孩并非住在大城市里的公子哥，他在没有长大成人、闯荡世界之前，只能住在乡村，只能忍受那些随处可见的家禽。所以，他时常被这些家禽吓哭。

有一次，他去叔叔家里做客。正当他玩得高兴时，一只公鹅突然跑出鹅圈，他吓得浑身瑟瑟发抖，呜呜直哭。幸好，他还能奔跑，因而赶紧从叔叔家跑开了。后来，他有很长一段时间不去叔叔家里玩。然而恐惧渐渐稀释后，他又蠢蠢欲动，因而再次去了叔叔家里做客。这次，叔叔答应他提前就把大鹅关好，保证大鹅不会跑出来。叔叔虽然当时答应了他的请求，心里却暗暗打定主意要帮助男孩战胜内心的恐惧。就这样，男孩刚刚去玩了没多久，一只鹅就从鹅圈里跑到院子中——正是上次把他吓哭吓跑的那只大鹅。他马上想像上次一样逃跑，却发现叔叔非但没有驱赶大鹅，反而站在门口拦住了他的去路。叔叔一本正经地告诉他："孩子，我知道你很害怕大鹅，但是你不可能逃避它一辈子。叔叔相信，只要你勇敢面对，就一定能够战胜内心的恐惧，就一定能够彻底打败这只大鹅。"说完，叔叔还拿起一根木棍给他。他无路可逃，看了看叔叔，又满怀恐惧地看了看那只大鹅，然后还看了看手中紧紧握着的木棍。男孩知道自己没有退路，也隐隐约约感到叔叔所说的话很有道理，因而他下定决心，一咬牙，拿起木棍朝着大鹅走去。他要与大鹅决斗，他的脸上带着被逼出来的视死如归的表情。在靠近大鹅的时候，为了给自己壮胆，他大吼一声，朝着大鹅跑去。没想到，大鹅反而掉头逃跑了。为此，他沾沾自喜，原本紧张得颤抖的心，渐渐鼓起了勇气。最终，他赶上大鹅，用木棍狠狠地敲打了大鹅一下。大鹅落荒而逃，他如释重负地笑了："原来，大鹅并没有那么可怕。"从此之后，大鹅看到他就躲得远远的，他也彻底克服了自己内心的恐惧，变得更加勇敢了。

如果不是叔叔逼着男孩面对大鹅，也许男孩这一生之中看到大鹅都会心怀恐惧。不仅对于一个农村的孩子而言，害怕大鹅是很糟糕的，就算对于城市的孩子而言，害怕大鹅这种最普通的家禽也会给自己带来难堪。

现实生活中，很多人都心怀恐惧，当然，他们恐惧的东西是不一样的。不管怎样，我们要想拥有勇敢无畏的人生，就要勇敢地面对自己的内心，超越我们心底的囚牢，这样才能最大限度发挥我们的潜力，拥有最完满的人生。

你只管努力，命运自有安排

现实生活中，很多人都喜欢给自己的努力设置界限。例如，喜爱文学的人总是想知道，自己到底要看多少本书，才能把文字运用得非常纯熟，做到意到笔随；医学院的学生想知道，到底要学几年，才能真正给病患诊治；学会民族舞蹈的人想知道，自己未来哪一天才能成为下一个杨丽萍。不得不说，这样的询问和探究，多多少少还是带着些投机取巧的感觉。归根结底，努力是没有界限的，也或者可以说，努力的界限不可以以任何形式量化，而只能在努力达到应该达到的程度时，才能水到渠成、顺理成章地获得成功。

当你想对努力量化或者设置界限，你只要告诉自己：一个人只管努力，命运会作出最好的安排。除了这个回答，似乎再也没有精彩的回答可以应对关于努力的尴尬问题。人们为什么如此迫不及待地想要找到努力的分界线呢？是因为每个人都不希望自己的努力最终竹篮打水一场空，是因为每个人都希望自己的努力能够得到回报，也是有价值和有意义的。的确，生活中有太多人一直努力，却没有得到梦寐以求的结果；也有一些幸运的人，稍微努力一下，就能得到命运的偏爱。这是残酷的事实。但是我们必须牢记的是，生活中不要有太强的功利心。要知道，当我们过分强调结果，不愿意为了过程付出，最终我们就无法得到好的结果。

越努力越幸运，这句网红语很有道理。因为，当我们的眼睛只盯着结果时，我们的目光就会被局限，只能看到那唯一的可能性，甚至为此在付出的时候斤斤计较，始终在心里打着小算盘，计算付出和回报的关系。在这种情况下，我们的眼光迷离，内心惶惑，甚至一旦觉得付出之后得不到预期的回报，就会因此而打起退堂鼓，不愿意继续付出。殊不知，飞蛾扑火的热情固然会带来毁灭的结果，但是有的时候，我们真的需要那种决绝的勇气。否则，我们不可能得到“山重水复疑无路、柳暗花明又一村”的机会。记住，条条大路通罗马，任何事情也不会只有唯一的解决方法。当我们集中所有的时间和精力、鼓起百倍的勇气对着人生的薄弱点发起攻击，人生甚至会爆发出让人震惊的力量。

自从大学毕业后，因为工作清闲，小马就开通了公众号，开始写一些对于职场的感悟。原本，朋友们看到他空闲时间也不休息，而是倒腾公众号、辛辛苦苦地码字，都觉得很不理解，因而纷纷劝说小马人生得意须尽欢，不要白白浪费宝贵的青春年华。然而，小马不以为然，他就把公众号当成日记，每当心中有波澜的时候，他就会努力去写，并深入反思和总结自己的生活与工作。

转眼之间，五年的时间过去了，小马的公众号有了很多粉丝。居然有广告商找到小马，想在小马的公众号上挂出广告。小马此前并没有想到公众号居然能够为自己创收，然而当听到广告商报出来的价格之后，小马怦然心动。一行的广告，挂在醒目的位置，广告商愿意为他付出每个月一千元的广告费。如果多这样的几条广告，岂不是相当于在海淀区有套小房子出租吗？此后，小马更加用功地发表公众号文章，果不其然，广告商接踵而至，小马暗自高兴。后来，他积攒了首付买了房子，月供只需要广告费就能支付了。朋友们看到小马的生活过得惬意，得知小马的收入来源，不由得纷纷后悔自己错过了五年的时光。有些朋友当机立断也开通公众号，却发现坚持并不是一件容易的事情。轻易放弃的他们，再也不觉得小马的广告费是随随便便就能得到的了。

人们常说，十年磨一剑，对于小马来说，是五年磨一剑。自从大学毕业开始工作，他利用工作之余的休息时间，居然能够为自己开创这样的一个园地，创造这么大的收益，不得不说，这是小马的坚持付出得到的回报。面对朋友们的劝说，小马始终不为所动，坚持更新公众号，所以才能以粉丝铸就自己的力量。

人生中的大多数时候，我们的确需要目标明确，奔向彼岸边。而有些时候，我们却要忘记目标，也忘记结局，这样才能在拐弯处趁机超越他人，最终成就自己。记住，人生没有回头路，唯有坚定不移地努力向前，我们才能不因为目标而局限自己，才能无所畏惧、奋勇向前，与生命中最美好的际遇相遇。

苦难，也是一种幸福

面对人生的苦难，我们到底应该采取怎样的姿态，才能让自己既不至于因为太过刚硬而被折断，也不至于因为太过柔软而被彻底压垮呢？要想做到刚强而有韧性，实在需要把握好合适的度，才能让自己做得恰到好处。当然，在面对苦难的时候，每个人都有自己的态度，这是因为每个人的人生态度都截然不同，因此，要根据自身承受苦难的能力，把苦难变成生存的土壤，鞭策和激励自己不断奋发向上，获得人生质的飞跃。

正如保尔所说，“人，最宝贵的是生命，生命对于每个人而言都只有一次机会。”因此，要想在生命中出彩，我们就要坚强地面对生活，并珍惜生命。一个对生命轻易放弃的人，实在是不值得尊重和敬佩的。然而，我们并不能因此而嘲笑那些结束自己生命的人，因为他们也许真的到了生不如死的程度。但是对于大多数普通人而言，必须珍惜生命，才能得到生命的馈赠。否则，一旦人们对于生命的希望彻底破灭，他们就会对人生彻底失去希望，且令人生从此沉沦下去。对于人生，美国大名鼎鼎的作家怀特曾经说过，在生命之中，每个人都会因为诸如失败、内疚与悲哀等负面情绪，陷人绝望之中。但是没关系，我们只要勇往直前，还是能够在人生中有新的发展和突破。

记住，没有任何人的人生会是一帆风顺的，每个人在人生中都会遇到很多坎坷和挫折，甚至会在困境中感到绝望。然而，只要心中怀着希望、拥有光明，哪怕生活再怎么充满阴霾，我们也依然能够坚持下去，决不放弃。也可以说，人生就像是一场斗争，总是要与天斗，与地斗，也与人斗。其实，不管人生中遇到怎样的问题，都不能放弃。很多朋友喜欢看好莱坞大片，影片中的主人公，总是能够拼尽全力，坚持到最后一刻。的确，人的潜力是无穷的，只不过在顺遂的人生阶段，潜力并不会被激发。而只有在绝境之中，人们的潜力才能被激发出来，从而拥有更大的爆发力。

很久以前，有个人在山上砍柴的时候，被突如其来的山洪围困在山洞中，等到山洪退去，他才发现山洞门口被一块巨石死死地堵住了。他虽然饿得饥肠辘辘、浑身瘫软，但是因为恐惧死亡，居然用自己的力量推动了那块巨石。回到村子里，他讲起自己的经历，根本没有人相信他能推动巨石。为了验证自己是个大力士，这个人带着村子里几个好事的人又去山上，想要推动巨石给他们看。没想到，他不管多么努力，都无法推动巨石分毫。哪怕他使出了浑身的力气，巨石也依然纹丝不动。

难道巨石变重了吗？当然不是。而是因为这个人此时此刻没有感受到失去生命的威胁，所以无法激发出自身的潜力了。由此可见，巨大的压力也能让人瞬间获得力量，使人真正创造出奇迹。

1920年秋天，在一个月黑风高的夜晚，一艘小汽船搭载一百多名乘客，行驶在海面上。然而，也许是因为夜色太深沉了，驾驶员没有看到前方驶来一艘大的航班船，小汽船无可挽回地被撞沉了。这次撞船事件，导致小汽船上的二十多个人失踪了，其中包括十几名乘客，此外是十几名乘务员。在这次事件中，幸存者很多，他们都对撞船事件心有余悸。幸存者马金纳，对于撞船事件，许多年后还记忆犹新。

当时，他被巨大的力量撞击到海中，海水冰冷刺骨，波涛汹涌，他觉得自己几乎要窒息，忍不住想张开嘴巴大声呼叫。然而他很清楚，自己不能随便张开嘴巴，否则，一旦灌入海水，生存的可能性就会更小。为此，他极力控制自己，让自己坚持不懈地与冰冷刺骨的海水作斗争。在马金纳不远处，还有几个落水者也在勉强挣扎和呼救，马金纳顾不上他人，只能先保证自己的生命安全。渐渐地，身边的呼救声越来越微弱，四周变得安静起来。想必在深秋时节掉入海水中，只是寒冷，就会迅速耗尽人们的体能。马金纳也渐渐疲惫，正当他想要放弃求生、沉入海底最深处的时候，突然耳边传来优美的歌声——是一个女人在歌唱，这声音犹如天籁，比世界上所有歌唱家的声音都更加优美、嘹亮。马金纳一个激灵，原本颓废的心态振作起来，他竭尽全力，向着歌声游过去。不知道过了多久，马金纳终于来到歌声旁边，看到在一根圆木周围，有几个人女人正簇拥在一起取暖。歌声，正是其中一个姑娘唱的。不管多么寒冷，她们都从未放开木头，更没有让生命沉沦。最终，救生艇在歌声中出现了，圆木周围的人都得救了。

在这个世界上，根本没有所谓的绝境。只要我们的心永不放弃，就能消化一切苦难，也能让人生有更多美好的未来。有些人在绝境中失去生命，是因为他们内心首先绝望了，这样一来，外界的援助便很难让他们死里逃生。记住，一个人只有心怀希望，永不放弃，才能摆脱危机，最终获得幸福美好的生活。否则，绝望就会蒙蔽他的眼睛，让他彻底失败。对于大多数人而言，积极乐观的心态都是至关重要的。生命的河流能否继续流淌，要靠着希望作为指引。

记住，对于每个人而言，生命只有一次机会。能够活着，就是最大的成功；只有活着，才能找寻到生命的意义。希望是生命的灯，也是人生的脊梁。记住，唯有不放弃生命，你才能超越苦难、超越生命。

有梦想，人生就有希望

在人生的道路上，梦想是每个人最真诚的陪伴，尤其是在年少的时候说起自己的梦想时，我们总是心潮澎湃，恨不得自己的梦想比宇宙更广大深远。当时，我们也的确深信自己的梦想，觉得梦想一定能够给自己带来成功的人生。从本质上而言，梦想是每个人心底最美丽的希望，也是最真切的信仰。梦想就像阳光洒入我们的生活之中，给生活带来温暖，也带来光明。梦想让人改变浮躁的心态，学会脚踏实地地对待人生，学会坚强不移地实现人生的志向，并且一步一步地走向成功。所以说，梦想其实是一种力量，人生如果没有梦想，就会缺乏前进的动力，止步不前。只有在梦想的激励下，人们才能爆发出自身所有的潜能，不遗余力地奋勇往前冲。很多人都不知道梦想的重要意义，总觉得自己要立足现实，才能把人生过好。实际上，梦想来源于人生，高于人生，它既是人生的生活，也是人生的指导，更是人生的翅膀。人人都羡慕苍鹰能够在高空中自由地翱翔，而要想让自己拥有翅膀，就要让自己拥有坚定不移的梦想。越是在遭遇艰难坎坷的时候，越是在人生岁月难熬的时候，我们越是要以梦想来支撑自己，让自己永不服输。越是在需要的情况下，我们就越是要不断地突破和超越自我。这样才能让自己实现梦想，让人生拥有更多的可能性。

人人都羡慕小鸟，因为小鸟可以自由自在地飞到每一个地方。在羡慕小鸟的同时，我们也应该知道，虽然我们没有翅膀，却有一颗能够自由翱翔的心。当有了梦想，我们的心也便生出了翅膀，能够飞到世界上的每一个角落。当我们相信梦想，人生也便有了翅膀，能够实现每一个美好的憧憬和渴望。正如一首歌里所唱的“隐形的翅膀”，实际上内心的希望和梦想就是人生隐形的翅膀。梦想越是远大，人生能到达的高度往往也就越高。正如人们常说的，心有多大，舞台就有多大。我们也可以说，梦想有多远，人生就能走多远。毫无疑问，一个人只有拥有梦想，才是幸福快乐的，才能使人生充满希望。一个孩子，不管是在童年时期还是在少年时期，都会为了梦想而不懈地努力。当然，孩子们还要学会保护自己的梦想，因为现实实在太残酷，并且，有太多的人会打破孩子心中对梦想的憧憬。有梦想才有未来，有梦想才有希望，唯有拥有坚定不移的心，始终向着梦想前进，我们才能真正实现梦想，才能让一切都变得美好。

从生命开始的时候，每个人就对人生充满梦想。每个人的梦想都不一样，既有大的，也有小的，既有能够短期实现的，也有需要穷尽一生才能实现的。不管是怎样的梦想，都值得我们去尊重。假如一个人还没有抓住实现梦想的机会就彻底地放弃梦想，那么他的人生必然像鱼儿离开了水，一定会变得干涸，且了无生趣。有梦想并不代表一定能够实现梦想，这个世界上有很多有梦想的人，但是真正能够实现人生梦想的人则少之又少，这并非因为他们的能力不足，而是因为他们对梦想缺乏恒心和毅力，所以，要想让梦想支撑起人生的天空，我们就要坚定不移地相信自己，也要竭尽全力地克服困难。唯有如此，我们才能向着梦想一路奋进、一路欢歌。

参考文献

[1]赵格羽.做内心强大的女子：不念过往，不惧将来[M].南京：江苏文艺出版社，2015.

[2]张小蔓.不问过往，不惧前行[M].青岛：青岛出版社，2017.

[3]晏凌羊.愿你放得下过往，配得起将来[M].南昌：百花洲文艺出版社，2017.